Internationaler Sachverständigenkreis Ausbau und Fassade ISK

Ausbau und Fassade
Wissen – Fakten – Erkenntnisse – Lösungen

15. Internationale Baufach- und Sachverständigentagung
Ausbau und Fassade
ISK 2022 in Memmingen, Deutschland

Internationaler Sachverständigenkreis Ausbau und Fassade ISK

Ausbau und Fassade

Wissen – Fakten – Erkenntnisse – Lösungen

15. Internationale Baufach- und Sachverständigentagung
Ausbau und Fassade
ISK 2022 in Memmingen, Deutschland

19. bis 21. Oktober 2022

Tagungsband

Fraunhofer IRB | Verlag

Bibliografische Information der Deutschen Nationalbibliothek
Die Deutsche Nationalbibliothek verzeichnet diese Publikation in der Deutschen Nationalbibliografie; detaillierte bibliografische Daten sind im Internet über www.dnb.de abrufbar.

ISBN (Print) 978-3-7388-0764-6
ISBN (E-Book) 978-3-7388-0765-3

Redaktion: Viola Pusceddu, Markus Weißert
Satz: Fraunhofer IRB Verlag
Umschlaggestaltung: Martin Kjer, Fraunhofer IRB Verlag
Druck: BoD – Books on Demand, Norderstedt

Fraunhofer-Informationszentrum Raum und Bau IRB
Nobelstraße 12, 70569 Stuttgart
Telefon +49 7 11 9 70 -25 00
Telefax +49 7 11 9 70 -25 08
irb@irb.fraunhofer.de
www.baufachinformation.de
Coverbilder: Manfred Haisch (D), Paul M. Böhm (A), Harry Luik (D)

Vorwort

»Wissen, Fakten, Erkenntnisse, Lösungen« als Tagungsmotto der 15. ISK-Tagung 2022 scheint nichts an Aktualität beim Themenkreis Ausbau & Fassade verloren zu haben. Das Gegenteil ist der Fall. Zunehmende schnellere Bauweisen und nicht immer zureichende Projektierungs- und Ausführungsqualitäten aufgrund des Kostendrucks haben leider immer wieder Mängel und Schäden zur Folge, die es zu verhindern gilt.

Die Bauweisen in Mitteleuropa gleichen sich an und erfordern umso mehr den grenzüberschreitenden internationalen Austausch und den daraus erwachsenden Erkenntnisgewinn. Die ISK-Mitglieder freuen sich, dass mit der 15. Internationalen Sachverständigen- und Baufachtagung Ausbau und Fassade dazu beigetragen werden kann.

Die 15. ISK-Tagung beleuchtet erneut verschiedene Ursachen von Schäden unterschiedlicher Bauteile und Baustoffe und nimmt auch zu aktuellen Themen Stellung, um die grenzüberschreitende Diskussion anzuregen.

Die Coronapandemie hat Veranstaltungen stärker beeinträchtigt, das Bauen dafür aber weniger als befürchtet. Jedoch ist nun mit dem Krieg in der Ukraine die Energiekrise in Europa voll angekommen. Daher muss zukünftig verstärkt darauf geachtet werden, dass mit den geeigneten ausführungssicheren Bauweisen zur Reduktion des Energieverbrauchs der Gebäudehülle beigetragen wird. Auf der begleitenden kleinen Fachausstellung der Produkthersteller und Dienstleister können Sie sich darüber informieren.

Seit 1999 haben sich die ISK-Tagungen zu qualitativ hochstehenden, baufachlichen Veranstaltungen für Planende, Fachunternehmen und für Vertreter der Industriepartner sowie Sachverständige aus dem deutschsprachigen Raum entwickelt. Nach längerer, auch coronabedingter Pause ist es positiv, dass wir nach der 14. ISK-Tagung 2017 im Fürstentum Liechtenstein nun die Fortsetzung der ISK-Tagungen wieder aufnehmen können. Die Planung für die 16. ISK-Tagung – voraussichtlich im Oktober 2024 in Oberösterreich – hat auch schon begonnen.

Der vorliegende Tagungsband zur 15. ISK-Tagung 2022 informiert über den unmittelbaren Kreis der Tagungsteilnehmer hinaus die breite Fachöffentlichkeit durch die dokumentierten Vorträge.

Ich danke allen Vortragenden für ihr Engagement und den Tagungsteilnehmenden für die Unterstützung unserer Plattform.

Markus Weißert
Der Vorsitzende der ISK 2022

Inhaltsverzeichnis

Schäden an verputzten Weinberg(»Wingert«)-Mauern auf Beton

Überraschender Befund dank Laboranalyse

Walter Schläpfer

Kurzfassung: Verputzte Weinbergmauern (»Wingertmauern«) ohne Kronenabdeckungen haben im rätischen Raum eine große Tradition. Zum Schutz und Erhalt der Ortsbilder werden sie auch heute noch bei neuen Wohnüberbauungen mit modernen Baustoffen erstellt. Diese Bauweise stellt an die Materialwahl und Ausführung aufgrund des fehlenden konstruktiven Witterungsschutzes hohe Anforderungen. Im nachfolgend beschriebenen Schadenfall haben die ausführenden Beteiligten und auch der Betonlieferant diese Anforderungen in der Summe nicht erfüllt und es sind nach vier Jahren erhebliche Putzablösungen und Rissbildungen auf den Mauerkronen aufgetreten. Ein fachgerechtes gemeinsames Gutachten wäre allerdings ohne die Durchführung von umfassenden Laboranalysen unmöglich gewesen, da stößt der Sachverständige an seine Grenzen.

Schlagworte: Putzablösungen; Rissbildungen; Betonschlämpe; Weinbergmauer; Gipskristallbildung; Anhydrit; Laboranalyse; Mauerkrone; Mauerspitze; Ausgleichsmörtel; Hohllage; Röntgendiffraktometrie (XRD); Rasterelektronenmikroskopie (REM); Mikro-Elektronenstrahl-Röntgenspektrometrie (EDX); Untergrundvorbereitung; Sulfattreiben

1 Ausgangslage

Bei einer neuen Wohnüberbauung aus dem Jahr 2017 wurden zur Zugangsgestaltung ortstypische Weinbergmauern erstellt. Anstelle von traditionellem Natursteinmauerwerk kam Beton zum Einsatz, der anschließend verputzt wurde.

Bild 1 Zugangsgestaltung mit Weinbergmauern

Bereits nach vier Winterperioden manifestierten sich einige Verputzschäden, zum Teil auch verbunden mit Betonablösungen an den Mauerspitzen.
Bei der ersten Schadensbesprechung herrschte über die Ursache eine große Uneinigkeit zwischen der Bauleitung, dem Baumeister und dem Verputzunternehmer. Jeder sah die Ursache und Verantwortlichkeit beim anderen Unternehmer.

Bild 2 Putz- und Betonablösungen an der Mauerspitze

Vor diesem Hintergrund hatten alle Beteiligten beschlossen, ein gemeinsames Gutachten in Auftrag zu geben.

2 Befundung der Schadensursachen

Um die verschiedenen Ursachen befunden zu können, wurden an drei verschiedenen Zustandsformen und Schadensbildern der verputzten Mauerkronen Proben mittels Kernbohrungen (d = 140 mm) entnommen und mit verschiedenen Prüfmethoden in den Labors von Frau Dr. Kerrin Lessel und Herrn Dr. Jürgen Göske untersucht.

Beschreibung des Zustands der Probenentnahmen:

Probe 1 wurde im Bereich einer Betonmauerspitze entnommen, die sich im angrenzenden Bereich in gerissenem Zustand und in Auflösung befindet (Bild 2).

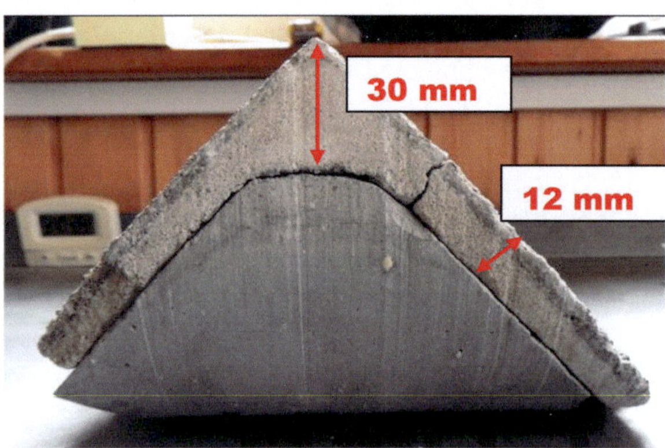

Bild 3 Probe 1 (Bohrkern) – Ansicht Mauerinneres [1]

Der abgelöste Putz besteht aus Grundputz (Stärke: 8 bis 10 mm im Seitenbereich, bis 25 mm im Bereich der Mauerspitze) und Oberputz (Stärke: 3 bis 6 mm).

Feststellungen:

- relativ »glatte« Ablösung des Putzes vom Bohrkern an den Seiten
- Entmischung des Betons im nach oben zulaufenden Mauerbereich mit ungewöhnlichen weißlichen Verfärbungen
- Betonrandzone in der Spitze weist Schwindrisse sowie ein ungewöhnlich feines, splittriges Gefüge auf
- schaumiger Beton mit sichtbaren Verschmutzungen an der Mauerspitze, poröse Struktur des von dort abgelösten Putzes und Verschmutzungen am Putz anhaftend

Probe 2 wurde im Bereich einer guten Putzhaftung an einer intakten, nachträglich aufgemörtelten Mauerspitze entnommen. Unterhalb der Mauerspitze beim Übergang in die Vertikale bestehen Hohlstellen im Putz.

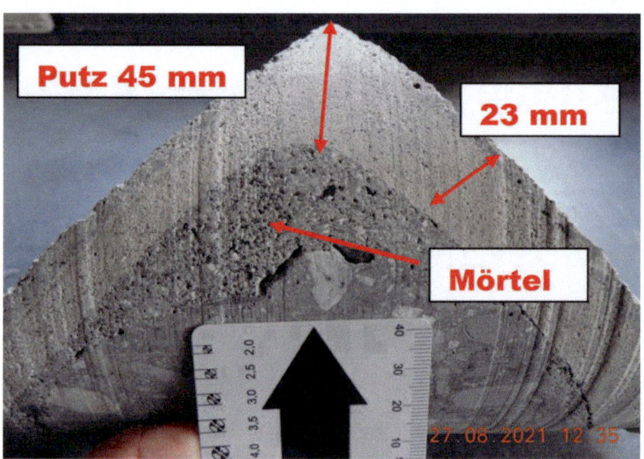

Bild 4 Probe 2 (Bohrkern) – Ansicht Mauerinneres [1]

Der Betonspitz wurde augenscheinlich mit Mörtel nachprofiliert, der Putzaufbau (Stärke: 15 bis 45 mm) haftet an diesem Mörtel.

Feststellungen:

- Oben sowie an einer Seite wurden nachträgliche Betonausbesserungen mit einem Ausgleichsmörtel o. Ä. ausgeführt. Auf diesem ist eine gute Putzhaftung gegeben.
- Auf der anderen Seite wurde kein Ausgleichsmörtel verwendet – in diesem Bereich ist eine Hohllage des Putzaufbaus vorhanden (Bild 4).

Probe 3 wurde im Bereich von gerissenen und hohlliegenden verputzten Mauerkronen ohne visuell erkennbare Schädigung des Betonspitzes entnommen.

Bild 5 Probe 3 (Bohrkern) – Ansicht Mauerinneres [1]

Der Putz (Stärke: 6 bis 25 mm) hat sich vom Beton abgelöst.

Feststellungen:

- relativ »glatte« Ablösung des Putzes vom Bohrkern an den Seiten
- schaumiger Beton mit sichtbaren Verschmutzungen an der Mauerspitze, poröse Struktur des von dort abgelösten Putzes und Verschmutzungen am Putz anhaftend

3 Mineralogische Prüfmethoden

Alle drei Bohrkerne wurden zudem mineralogisch mit diesen Prüfmethoden von Dr. Göske untersucht:

- Röntgendiffraktometrie (XRD),
- Rasterelektronenmikroskopie (REM),
- Mikro-Elektronenstrahl-Röntgenspektrometrie (EDX).

Bild 6 Probe 1: Massive Gipskristallbildung im Inneren des Betons (als Beispiel der Untersuchungsergebnisse) [2]

Die detaillierten Resultate kann ich aus Platzgründen hier nicht abbilden, sondern fasse die Befunde nachstehend zusammen.

4 Zusammenfassung der Befunde

Nachstehende Ursachen haben in Kombination die beanstandeten Ablösungen des Putzsystems vom Wandbildner (Ortbeton) verursacht:

1. Beim Betonieren der oben spitz zulaufenden Betonmauern kam es zur Entmischung des Betons; in den Mauerspitzen wurden feinteilige minderfeste Betonschlämpen sowie diverse Verschmutzungen eingebracht: Mangel am Gewerk Baumeister (z. B. Betonbauer).
2. Diese minderfesten Betonteile und Verschmutzungen hätten vor dem Verputzen entfernt und die Mauerkrone mit einem geeigneten Ausgleichsmörtel ergänzt werden müssen. Dies ist jedoch nur lokal erfolgt (Bohrkern Probe 2). In anderen Bereichen (Bohrkerne Proben 1 und 3) wurde das Putzsystem auf die nicht ausreichend tragfähigen Oberflächen der Betonmauer aufgetragen, von der es sich wieder abgelöst hatte. Es handelt sich um Mängel bei der Untergrundvorbereitung des Verputzunternehmers.
3. Lokal befindet sich Gips in signifikanten Mengen im Beton, wodurch es allmählich zum Sulfattreiben kommt – Produktmängel, Verunreinigung des Betons.

Ohne diese umfassenden Laboruntersuchungen hätte ich als Sachverständiger keine Chance gehabt, diese vielfältigen und überraschenden Ursachen befunden zu können.

5 Sanierungsempfehlung

Aufgrund des unsichtbaren, aber doch signifikanten Gipsanteils in den Betonmauern hatte ich von einer Putzsanierung abgeraten.
Vielmehr sehe ich hier als sinnvollste und nachhaltigste Sanierungsmaßnahme, den Putz vollflächig zu entfernen und die Betonoberfläche anschließend zu stocken.

Bild 7 Beispielfoto einer gestockten Betonoberfläche

6 Literaturreferenzen

[1] Laborprüfbericht Nr. 51/2021 Dr. K. Lessel, A-Bad Ischl

[2] Mineralogische Untersuchungen ZWL-Labor, ZWL-ID 210831550A, D-Lauf

Der Autor

Walter Schläpfer

- Eidg. dipl. Gipsermeister
- akkreditierter Fachexperte SMGV
- zert. Gerichtsexperte Swiss Experts
- DAS Bauphysik FHNW
- ISK-Mitglied
- CH-8180 Bülach
  E-Mail: office@bauexperte.ws
  www.bauexperte.ws

Prämierter Holzbau: Fenster, die nicht richtig schließen, und die Folgen

Arnold Fischnaller

Kurzfassung: Ein dreigeschossiges, in Passivhausstandard als Holzrahmenbau ausgeführtes Kondominium mit 12 Wohneinheiten wurde im Jahr 2006 nach zweijähriger Bauzeit bezogen. Schon nach etwa drei bis vier Jahren führten erste Baumängel zu Beeinträchtigungen für die Wohnungseigentümer: Immer wieder mussten fortan die Fenster- und Balkontüren neu eingestellt werden. Ein Austausch des Balkonbelags sowie kleinere Putzausbesserungen im Sockelbereich folgten. Erst im Jahr 2019 wurde die Kondominiumsverwaltung auf Anraten eines Malermeisters richtig aktiv und beauftragte einen Sachverständigen mit der Ermittlung der Ursachen für die gerissene Putzfassade und die inzwischen nach innen geneigten Balkone und Fensterbänke.
Einige Planungsfehler, ein nicht funktionierendes Zusammenspiel zwischen Planer bzw. Bauleitung und Ausführenden und vor allem eine ungenügende, mangelhafte Detailausbildung in der Ausführungsphase führten zu umfangreichen Setzungen der statischen Holzstruktur. Ein erst im Frühjahr 2019 neu eingezogener Wohnungseigentümer versucht nun, über Gerichtswege den Kaufvertrag zu annullieren: Die anderen Wohnungseigentümer sehen sich mit sehr hohen Sanierungskosten im sechsstelligen Bereich konfrontiert: Vor allem stellt sich die Frage des Regresses, da die Gewährleistungsdauer von zehn Jahren bereits abgelaufen ist. Mögliche Sanierungsmethoden werden erst andiskutiert bzw. es stellt sich die Frage: Ist das Gebäude sanierbar?

Schlagworte: Holzrahmenbau; Beeinträchtigungen in der Nutzungsqualität; Planungs- und Ausführungsfehler; statisches Versagen der Holzstruktur

Bild 1 Wohngebäude in Passivhausstandard

Das dreigeschossige Wohngebäude wurde in den Jahren 2004 bis 2006 in Holzständerbauweise in Passivhausstandard in kompakter Form realisiert. Der Holzbau liegt auf einer Stahlbetondecke auf. Die Außenwandkonstruktion besteht aus einem zweiseitig mit einer OSB-Platte beplankten Holzrahmenbau mit statisch tragenden vertikalen Holzbalken von 16 cm Breite und ausgedämmtem Hohlraum, der auf einem horizontal umlaufenden BSH-Träger mit (B) 19,6 cm × (H) 24 cm aufgesetzt wurde. Das Niveau des umlaufenden Gehwegs bzw. Grünflächen im EG befindet sich ca. 40 cm über diesem horizontal statisch tragenden Holzbalken. Die Wohnungen im Ober- und Dachgeschoss werden über ein an der Nordseite im Freien liegendes Treppenhaus erschlossen. Die Südbalkone liegen auf einer Stahlkonstruktion auf und sind starr im Deckenbereich mit dem Holzrahmenbau verbunden.

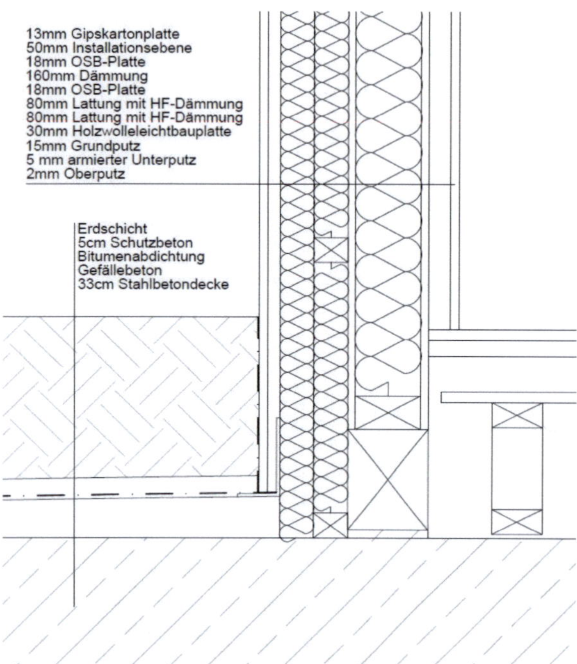

Bild 2 Schnittdetail aus dem Sockelbereich

Außenseitig sind zwei Lagen Holzfaserdämmplatten mit 80 mm Stärke zwischen den kreuzweise angebrachten Holzlatten eingeklemmt. Auf der zweiten vertikal angebrachten Holzlatte ist eine 30 mm dicke zementgebundene Holzwolleleichtbauplatte im Format 200 cm (L) × 60 cm (H) verschraubt. Auf diese Putzträgerplatte ist ein bis zu 15 mm dicker mineralischer Kalk-Zement-Grundputz und anschließend ein armierter Unterputz angebracht. Die Schlussbeschichtung ist ein mineralischer Edelputz, der noch einen grünen Farbanstrich erhielt.

2006 wurde der Holzbau als besonders nachhaltiger Wohnbau von der Südtiroler KlimaHaus-Agentur ausgezeichnet.

1 Schadensverlauf

Schon nach vier bis fünf Jahren traten erste Risse an der verputzen Fassade auf und es wurden Feuchtigkeitshochzüge im Sockelbereich festgestellt. Fenster und Türen sowie die beweglichen Verschattungselemente klemmten und mussten neu eingestellt werden.

Weitere zwei Jahre später wurde der gerissene Fliesenbelag auf dem Balkon auf der Südseite ausgetauscht und mit einem Gummibelag ersetzt. Die Rechtfertigung des Bauträgers an die Wohnungseigentümer lautete: »Falsche Materialauswahl: Fliesenbelag auf einem Holzbelag kann nicht funktionieren.«

An der Nordseite wurde teilweise der Sockelputz erneuert.

Im Herbst 2019 wurde ein Malerbetrieb beauftragt, die Fassade neu zu streichen und die Risse im Putz auszubessern bzw. zu schließen. Dieser Unternehmer weigerte sich, die Arbeiten auszuführen, und machte die Wohnungseigentümer darauf aufmerksam, dass mit dem Gebäude etwas nicht stimme.

Im Sommer 2020 erhielt das Sachverständigenbüro Fischnaller einen Expertenauftrag von der Kondominiumsverwaltung zur Ursachenermittlung der aufgetretenen Schäden.

Bild 3 Horizontal verlaufende Quetschfalten an der verputzen Außenwärmedämmung VAWD/WDVS

2 Vor-Ort-Termin – Bauteilöffnungen und Schadensbilder

Beim ersten Lokaltermin wurden folgende sichtbare Schäden bzw. Mängel festgestellt:

- im gleichen Abstand horizontal verlaufende Risse und Quetschfalten auf allen vier Seiten des Gebäudes mit besonders starker Ausprägung an der Westseite,
- sich nach innen neigende Blechfensterbänke und Austrittsbleche,
- sich nach innen neigende Balkonstruktur an der Südfassade,
- Feuchtigkeitshochzüge im EG,
- ca. 1,5 bis 2 cm tiefer liegende Silikonversiegelung im Sturzbereich bei einer Wohnungseingangstür im Vergleich zur verputzten Laibung,
- sehr hohe Feuchtebelastung im Sockelbereich der verputzten Fassade mit einem Feuchtigkeitsmessgerät bis zu 150 Digits.

Bild 4 Hinweis auf Setzung der tragenden Holzstruktur: 1,5 bis 2 cm tiefer liegende Silikonversiegelung an einer Wohnungseingangstür im 2. OG im Vergleich zur verputzten Türlaibung

Bild 5 Bis in den Perimeterbereich verlegte Holzweichfaserdämmplatte: durchnässt und mit Kleintieren durchsetzt

Einige Wohnungsbesitzer berichteten von Schwierigkeiten beim Einbau von Einrichtungen aufgrund des unebenen Fußbodenbelags.

Es wurden Bauteilöffnungen beantragt und genehmigt.

Bei allen Sondieröffnungen wurden grobe Ausführungsmängel bzw. nicht funktionierende Details vorgefunden:

- keine besonderen Maßnahmen einer fachgerechten Sockelausbildung erkennbar bzw. falsche Materialauswahl,
- mineralischer Putz, zementgebundene Holzwolleleichtbauplatte und die dahinterliegende Holzfaserdämmung hinter der Bitumenschweißbahn durchfeuchtet und mit zunehmender Einbautiefe nasser,
- keine funktionierenden Anschlussdetails im Bereich der Türaustritte im EG und auf den Balkonen sowie im Bereich der Fensterbänke.

Die Folgen sind dramatisch:

Der statisch tragende horizontal ringsum verlaufende Holzbalken wies bei vier Öffnungen im Perimeterbereich teilweise Fäulnisbefall auf bzw. war komplett morsch.

Bild 6 Morscher horizontal verlaufender BSH-Träger

3 Fazit

Speziell im Bereich der Fensterbänke und Türen auf den Balkonen gelangt Wasser bei jedem Regen in die Wandkonstruktion und sammelt sich konstruktions- und schwerkraftbedingt ganz unten an der Kellerdecke beim umlaufenden BSH-Träger. Dort eingesperrt, herrscht in diesem Bereich ein dauerhaft feuchtes Mikroklima vor, das nach und nach zum Fäulnisbefall und somit langsam zu umfangreichen Setzungen des Holzgebäudes aufgrund des statischen Versagens des teilweise komplett morschen umlaufenden horizontalen Holzbalkens führte.

Die Fragen der Sanierkosten bzw. der Sanierbarkeit sind noch nicht geklärt.

Beim Schadensverlauf und den Folgen der Bauweise Holzbau muss schlussfolgernd festgestellt werden, dass durch Wassereintritt in die Wandkonstruktionen ein Totalschaden eintreten kann. Daher hat die Planung die Technikfolgenabschätzung der gewählten Konstruktionen abzuwägen. Insbesondere muss überprüft werden, ob eine dauerhafte Standsicherheit der Holzkonstruktion gewährleistet werden kann. Die Bauleitung muss zwingend die Ausführung sehr engmaschig überprüfen und auf die Randbedingungen noch genauer achten, damit ein schadenherbeiführender Wassereintritt nicht möglich ist.

Der Autor

Arnold Fischnaller

- Maurermeister, Geometer, Inhaber eines Handwerksbetriebs
- Fachexpertenausbildung 2011/12 beim SMGV
- ISK-Mitglied
- Sachverständigenbüro
  I-39040 Villnöß
  info@daemmplus.it

Detailschäden – Türzargen in Leichtbauwänden

Planung, Konstruktion und Montage von Stahltürzargen und Türblättern in Gips-Trockenbauwänden

Walter Keller

Kurzfassung: Stahltürzargen in Gips-Trockenbauwänden müssen im Bereich des Brand- und erhöhten Schallschutzes und auch der Statik genau nach den Prüfvorgaben geplant, bestellt und eingebaut werden. Bei Türelementen, die begutachtet wurden, konnten 23 verschiedene Punkte festgestellt werden, wobei jeder für sich einen Mangel darstellt. In nachstehendem Aufsatz werden in erster Linie die Türelemente in den brandabschnittsbildenden Wänden beschrieben, die einen erhöhten Schallschutz erfüllen müssen. Durch die »Fehler« des Trockenbauers hat er einen sehr großen Vermögensschaden erlitten. Der Türen- und Zargen-Unternehmer, die Planung, der Generalunternehmer (GU) und auch der Bodenleger mussten ebenfalls erhebliche Vermögensschäden hinnehmen.

1 Ungenügender Schallschutz bei Hotelzimmertüren

In einem Schweizer Hotel, das 2017 bis 2019 neu erbaut wurde, rügte die Hotelleitung den schlechten Schallschutz der Zimmertüren zu den Korridoren. Ende 2019 wurden Schallschutzmessungen bei vier Zimmern durchgeführt.

Das vertraglich vereinbarte Bauschalldämmmaß von R'_w 38 dB wurde an keiner der vier gemessenen Türen erreicht. Folgende Bauschalldämmmaße, nach ISO 16283-1:2014 R'_{w+C}, wurden erzielt: R'_w 22 dB, R'_w 28 dB, R'_w 30 dB, R'_w 27 dB

Der Trockenbauunternehmer beauftragte Ende 2020 die Ursachenklärung für den schlechten Schallschutz der Türelemente. Zu diesem Zeitpunkt machte der GU den Trockenbauunternehmer zu 75 % verantwortlich für den ungenügenden Schallschutz.

Nachfolgend sollen kurz die vielen vorhandenen Fehler in Konstruktion und Montage beschrieben, aber nur die Arbeiten und Pflichten des Trockenbauunternehmers vertieft werden.

2 Gründe für den schlechten Schallschutz

Fehler und Versäumnisse wurden in vielen Punkten festgestellt.
Die festgestellten Mängel wurden in vier verschiedene Themenkreise eingeordnet und beschrieben.

2.1 Türzargen Lieferung

- Seitlich wurden nur drei statt vier Bügel und im Sturz keine anstelle von zwei Bügeln angeschweißt.

Bild 1 Die Bügel überstehen seitlich gegenüber den UA-Profilen um ca. 2 bis 3 mm.

- Es wurde nur eine provisorische Schwelle eingebaut statt eines vertikalen, rechteckigen Stahlrohrs, in das die Hohlflachschiene hätte befestigt werden können.
- Ohne diese rechteckige Schwelle konnte der Fließestrich nur ungenügend getrennt werden.
- Statt zweier verstellbarer 3-D-Bänder wurden drei nicht verstellbare HE-18-Bänder und Bandaufnahmen geliefert (zwei oben und eines unten).
- Statt Falzdichtungen aus Silikon wurden nur solche aus festerem EPDM-Material eingebaut.

Bild 2 Die Falzdichtungen sind in den beiden Sturzecken nicht lückenlos eingebaut.

2.2 Türblatt, Lieferung und Einbau

- Das eingebaute Türblatt weist einen mehrschaligen Aufbau von 46 mm Dicke auf und erzielt gemäß Prüfung des Herstellers ein Schalldämmmaß von R_w (C; Ctr) = 42 (-2; -6) dB. Gemäß dem zugezogenen Bauphysiker hätte das Türblatt ein um ca. 6 bis 10 dB höheres Schalldämmmaß wie das geforderte Bauschalldämmmaß von R'_w 38 dB aufweisen müssen.
  - Gemäß Prüfung benötigt dieses stumpf einschlagende Türblatt Falzdichtungen aus Silikon-Material und eine zusätzliche Überschlagsdichtung.
  - Eine zusätzliche Überschlagsdichtung kann nur bei einem überfälztem Türblatt realisiert werden.
  - Weil die Estriche im Zimmer und Korridor auf gleicher Höhe liegen, musste eine Absenkdichtung eingebaut werden. Die ausgefräste Nute für den Planeten wurde 2 mm breiter erstellt wie der Planet selbst.
  - Der Planet wurde nicht in der gleichen Flucht eingebaut wie die seitlichen Falzdichtungen.
  - Auch war die Bodendichtung auf Türblattbreite geschnitten statt auf das Lichtmaß des Zargenfalzes.

Bild 3 Der schmale 8 mm breite Planet wurde bei der Sanierung zusätzlich eingebaut. Leider wurde die Nute 2 mm größer erstellt als nötig. Richtigerweise wurden die Gummilippen seitlich um je ca. 3 bis 4 mm breiter geschnitten wie die Metallschiene.

2.3 Estrich und Bodenbeläge

- Beim Angleichen mit Nivelliermasse an die Stahlschwellen wurden die Fugen zugeklebt und auch kraftschlüssig an die Laibungen der Stahlzargen angeschlossen.
- Das Parkettende der Korridorböden korrespondiert nicht mit den seitlichen Falzdichtungen und der Planetdichtung.
- Dadurch verläuft der Teppich des Hotelzimmers über die Flucht der Dichtungen in den Korridorbereich hinein.
- Anstelle einer 50 mm breiten Hohlflachschiene wurde nur eine 40 mm breite Hohlschiene montiert. Dadurch liegt die Planetdichtung ungenügend auf.

Bild 4 Die Hohlschiene wurde trocken über den Bereich von Teppich und Parkett in den Estrich geschraubt. Die Hohlschiene wurde nicht zusätzlich abgedichtet und sie ist seitlich zu kurz.

2.4 Einbau von Türzargen in die Trockenbauwand

- Eine 40 mm dicke Mineralwolle wurde im Bereich der beiden UA-Profile über eine Breite von nur ca. 85 mm eingebaut. Gemäß Schallschutzprüfung des Türblatts hätte zwischen der Stahlzarge und dem Ständerwerk satt ausgestopft werden müssen.
- Die beiden Gipsplatten wurden nur etwa 5 bis 10 mm tief in die Zargenspiegel eingeschoben.
- Im Sturzbereich wurde kein UA-Profil, sondern nur ein UW-Profil eingebaut.
- Zwischen den Gipsplatten und dem Abbug des Zargenspiegels wurde nicht abgedichtet.

3 Verantwortlichkeiten

In einem außergerichtlichen Verfahren wurden folgende Verantwortlichkeiten vereinbart:

- Unternehmer – Lieferung Stahltürzargen und Türen sowie Montage Türen 40 %,
- GU – Planung und Bauleitung: 25 %,
- Trockenbauer – Montage der Türzargen: 25 %,
- Bodenleger – Teppich, Parkett: 10 %,
- Vermögensschaden aller Beteiligten ohne Berücksichtigung der Haftpflichtversicherungsleistungen: ca. Fr. 420'000.

Die Punkte, die dem Trockenbauunternehmer eine Verantwortlichkeitsquote von 25 % auferlegten, sind:

- Die Gipsplatten wurden nicht nach Vorgabe des Türenherstellers ausreichend tief in die Zargenspiegel eingeschoben.
- Dies passierte, obwohl der Trockenbauer gemäß den Zeichnungen seines Systemlieferanten gearbeitet hat.
- Der Zargenhohlraum wurde unzureichend mit Mineraldämmstoff gefüllt.
- Es wurden keine Bedenken angemeldet, dass die Stahltürzargen im Sturzbereich keine Bügel aufweisen und seitlich nur 3 statt 4 Bügel vorhanden sind.
- Zwischen dem Zargenspiegel und den Gipsplatten wurden die Fugen nicht verschlossen.

4 Konstruktion und Einbau von Stahltürzargen

Bei den drei Trockenbau-Systemlieferanten, die in der Schweiz den Markt bestimmen, waren bis Ende 2021 wenig Unterlagen zur Konstruktion einteiliger Stahltürzargen und deren Einbau zu finden.

Trockenbau-Systemlieferanten stellten bis im Jahre 2021 keine zuverlässigen und genauen Unterlagen zur Verfügung, die den Einbau von Stahltürzargen in Einklang mit den Vorschriften der Türen- und Zargenhersteller darstellen.

Dagegen finden sich auf der Website des VST (Verband Schweizerische Türenbranche) einige sehr hilfreiche und frei zugängliche Merkblätter (www.vst.ch).

Das Merkblatt Nr. 009 »Einbau von Türelementen in Leichtbauwände« beschreibt die Anforderungen an Stahltürzargen für Leichtbauwände, die Zargenmontage und die Türenmontage. Die Erstausgabe dieses VST-Merkblatts erfolgte im Jahre 1997, also vor 25 Jahren. Die aktuell gültige Version ist von 2012.

Im Folgenden werden einige wichtige Punkte für den Einbau von Türzargen aus dem VST Merkblatt Nr. 009, Version 2012 erörtert.

Bügelbreite:

- Die Bügelbreite (Auflagefläche auf Ständerprofil) sollte pro Seite min. 2 mm (total 4 mm) schmäler sein, damit gewährleistet ist, dass die Bügel nicht über das Ständerprofil vorstehen (Behinderung bei Beplankung) (Abb. 4).

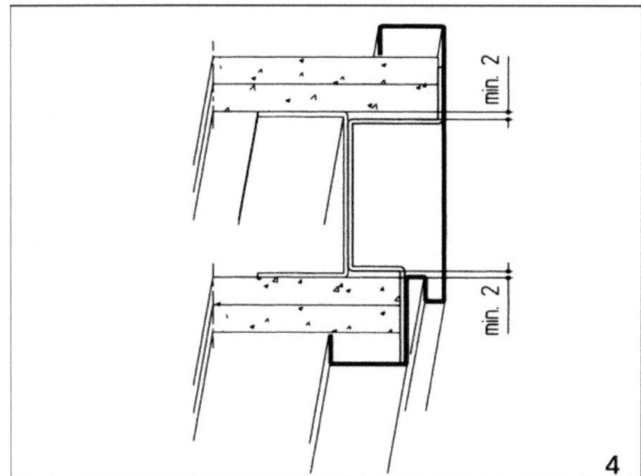

Bild 5 Abbildung 4 aus dem VST Merkblatt Nr. 009 – Version 2012, Seite 2

Bügeltiefe

- Die Bügel-/Laschentiefe, Mass X, welche die Distanz zwischen Zargenlicht und Ständerprofil bestimmt, sollte möglichst klein gehalten werden. Dadurch wird die Verwindungsmöglichkeit des Zargenprofils reduziert (Abb. 5).
- Die Zarge sollte pro Seite mit min. 3 Bügeln/Laschen je auf Bandhöhe und Profilmitte ausgerüstet sein. Auf der Bandseite empfiehlt sich, beim unteren Band eine(n) zusätzliche(n) Lasche/Bügel, d. h. je 1 unter und 1 über dem Band, anzuordnen.

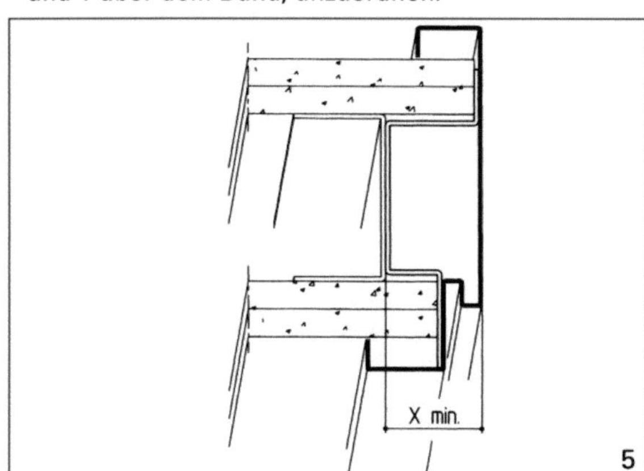

Bild 6 Abbildung 5 aus VST Merkblatt Nr. 009 – Version 2012, Seite 2

Zargentiefe

Die lichte Weite der Stahltürzarge sollte etwa 3 bis 4 mm größer sein wie die Wanddicke der Leichtbauwand. Nur dann können die Gipsplatten behinderungsfrei in die Stahltürzarge eingeschoben werden.

Verstärkung von UA-Profilen

- Bei schweren Türen (Türblattstärke > 40 mm) oder Zargen mit einer lichten Breite ab 1000 mm ist der Türsturz mit einem UA-Profil auszuführen. Befestigung mit Anschlusswinkel. Ausserdem sind die vertikalen U-Aussteifungsprofile mit einem UW Profil zu verstärken (Abb.10).

Verlaschung UW- mit UA-Profil

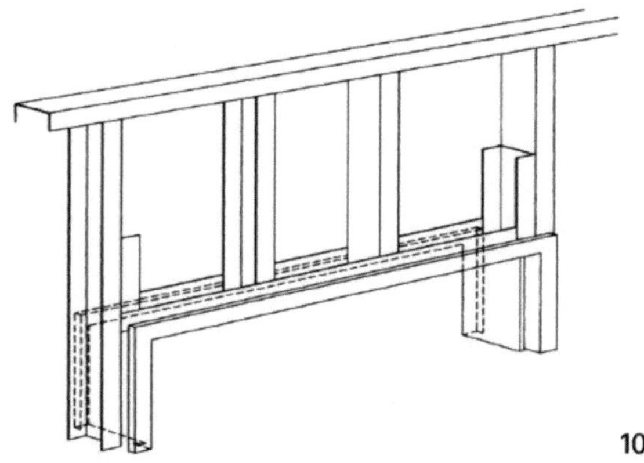

Bild 7 Text zu Abbildung 10 aus dem VST Merkblatt Nr. 009 – Version 2012, Seite 3 rechts

Bandklötze

- Empfehlenswert ist im Weiteren auch eine Verstärkung/Verbindung der Bügel/Laschen mit der Band-Unterkonstruktion, um einer zu starken Verwindung des Zargenspiegels auf der Bandseite entgegenzuwirken (Abb. 6).

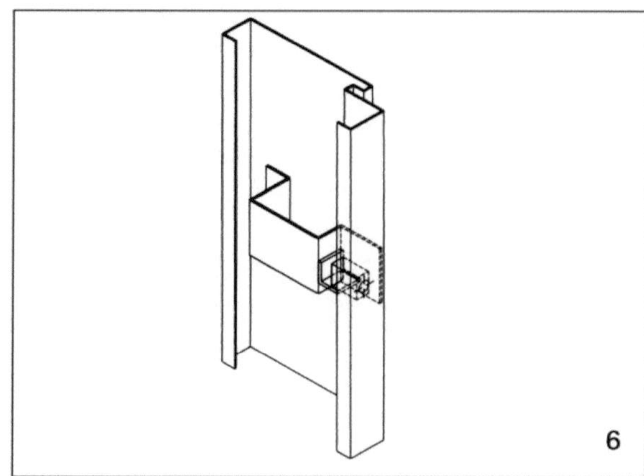

Bild 8 Abbildung 6 aus dem VST Merkblatt Nr. 009 – Version 2012, Seite 2 rechts

Bild 9 Bandaufnahmen ohne verschweißte Verbindung zum Zargenbügel führen bei Türblättern von über 25 kg Gewicht zum Verwinden der Zargenspiegel.

Plattenmontage in Stahltürzargen

Die Gipsplatten müssen bis auf 2 mm Distanz zu den Zargenfalzstirnen in die Zargenspiegel eingeschoben werden. In Bild 5 und Bild 6 sind die Gipsplatten stumpf an die Zargenfalzstirnen angeschlossen. Wenn die Gipsplatten bündig an die Türzargen herangeführt werden, besteht die Gefahr, dass die Türzargen leicht verdreht werden.

Brandschutz- und Schallschutzanforderungen werden nicht erfüllt, wenn die Platten nicht vollständig in die Zargen eingeschoben werden.

Brand- und Schallschutzprüfungen von Türzargen, Türblättern sowie Gips-Leichtbauwänden mit eingebauten Türelementen werden von den Systemlieferanten sehr genau nach den vorbeschriebenen Zeichnungen durchgeführt.

Bei den drei Systemlieferanten für Trockenbau in der Schweiz waren bis ins Jahr 2021 keine oder nur unvollständige Zeichnungen der Stahlzargendetails vorzufinden.

In den Brandschutzanwendungen der Systemlieferanten Trockenbau wird zwar darauf hingewiesen, dass die Wände und Einbauteile so eingebaut werden müssen, wie geprüft. Es ist aber eine Tatsache, dass auf Anfrage an die jeweiligen Hersteller keine sachdienlichen Unterlagen abgegeben werden!

Stopfen von Zargenhohlraum

Aufgrund von Vorschriften, Beschreibungen und technischen Zeichnungen vieler Türblatt- und Zargenhersteller müssen die Zargenhohlräume gut »ausgestopft« werden. Leider stellen die Systemzeichnungen vieler Lieferanten von Türzargen und Türblättern nicht eindeutig dar, wie die „Stopfung" ausgeführt werden soll.

Beim Brandschutz EI30 und hohen Schallschutzanforderungen in Hotels, Krankenhäusern, Schulen usw. müssen die Stahltürzargen in guter Ausführungsqualität eingebaut werden. Vor allen Dingen muss der Trockenbauer dafür Sorge tragen, dass die Gipsplatten komplett in die Zargenspiegel eingeschoben werden.

Schall- und brandschutztechnisch ist von entscheidender Bedeutung, dass zwischen den Plattenstirnen und der Stahlzargenlaibung keine Hohlräume vorhanden sind.

Vorschlag zur Diskussion von Walter Keller mit Trockenbau-Fachleuten

Mit der Einlage einer weichen, 30 mm dicken Mineralwolle Typ 1 auf die gesamte Zargentiefe kann zwischen der Plattenstirne und der Stahltürzarge ein dichter Anschluss erzielt werden. Die Gipsplatten stoßen so nicht direkt an die Laibung der Stahlzarge an, sondern es entsteht eine Entkoppelung durch die zusammengedrückte Mineralwolle. In nachfolgender Skizze mit von Hand in grün eingezeichneter Mineralwolle 30 mm Typ 1 möchte ich das veranschaulichen.

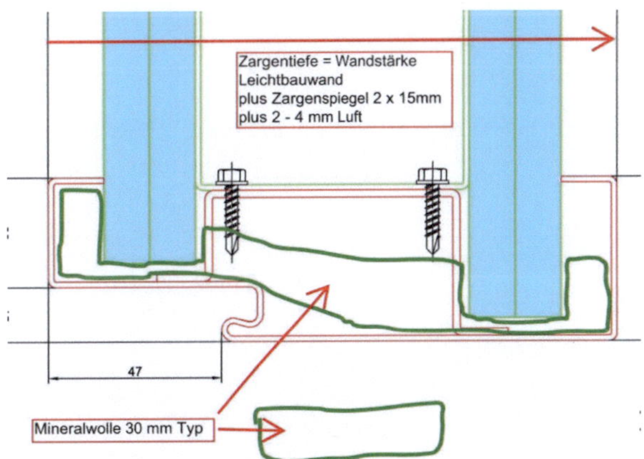

Bild 10 Detailzeichnung, ergänzt von Walter Keller mit zusätzlicher Mineralwolle

5 Literaturverzeichnis

- VST Verband Schweizerische Türenbranche www.vst.ch
- VST Merkblatt 005 Schalldämmende Türen – Luftschalldämmung von Türen zwischen benachbarten Räumen.
- VST Merkblatt 005/1 Schalldämmende Türen – Checkliste Schalldämmung
- VST Merkblatt 009 Einbau von Türelementen in Leichtbauwände aus Ständerkonstruktion und Gipsplatten, inklusive Türelemente EI30
- SIA Norm 118-343 Türen und Tore, allgemeine Bedingungen
- SIA Norm 343 Türen und Tore

- Fotos von Walter Keller aufgenommen

Der Autor

Walter Keller
- Dipl. Gipsermeister
- akkreditierter Fachexperte SMGV
- WK Fachexpertisen
- CH-8580 Hefenhofen
  E-Mail: walter-keller@gmx.ch

Fassadenschäden durch eingebaute Holzelement-Balkone

Max Kistler

Kurzfassung: In der Schweiz dominiert nach wie vor der Massivbau aus Beton oder Backstein. Aufgrund der Planbarkeit und kurzen Realisierungszeiten ist jedoch die modulare Bauweise und/oder Hybridbauweise auf dem Vormarsch. Der Ausdruck »hybrid« gilt dann, wenn verschiedene Baustoffe wie Holz, Stahl und Beton im Massivbau verwendet werden können. Bei der modularen Bauweise werden einzelne Raumelemente oder ganze Module im Werk vorgefertigt und auf der Baustelle montiert. Die altbewährte Bauweise wird durch neue Konstruktionen und Materialien ersetzt. Trotz der erhofften Vorteile können bei nachfolgender verputzter Außenwärmedämmung die anerkannten Regeln der Baukunde und den heutigen Wissensstand der Technik nicht ignoriert werden. Das nachfolgende Fallbeispiel soll diesen Sachverhalt aufzeigen.

1 Aufbau des Beitrags

Der Bericht über den folgenden Schadenfall wird wie folgt aufgegliedert:

- Ausgangslage,
- Vorgehen und Konstruktion,
- Sondieröffnung am Fassadenschaden,
- Ursache der Fassadenschäden,
- Fazit,
- Sanierungsempfehlung.

2 Ausgangslage

Die Wohnüberbauung wurde in den Jahren 2016 bis 2019 mit zehn Mehrfamilienhäusern und 148 Wohnungen erstellt. Die Balkonkonstruktion wurde ursprünglich in Massivbauweise aus Beton geplant. Auf Wunsch der Bauherrschaft erfolgte nachträglich die Umstellung auf eine Holzkonstruktion. Das optische Erscheinungsbild der Fassade sollte nicht verändert werden. Das heißt, es sollten keine Fugen in der Fassadenoberfläche respektive in der verputzten Außenwärmedämmung (VAWD) sichtbar sein. Das Planungsteam, bestehend aus Architekten und einem Holzbauingenieur, waren davon ausgegangen, dass eine entsprechende Entkoppelung im äußeren Bereich der Balkonbrüstungen über Putzträgerplatten und damit ein fugenloser Verbund in der verputzten Außenwärmedämmung möglich sei. Demzufolge wurde eine zementgebundene Putzträgerplatte bei sämtlichen Balkonbrüstungen auf der Außenseite bündig mit den angrenzenden Wärmedämmplatten eingebaut.

Bild 1 Anfänglich geplante Balkonkonstruktion, massiv in Beton mit Glasgeländer [Quelle: Verkaufsprospekt]

Bild 2 Ausführung der Balkonkonstruktion im Holzbau mit Brüstung und Glasgeländer als Absturzsicherung [Quelle: M. Kistler]

Für die VAWD wurde ein Außenputzsystem mit Leichtgrundputz, zweilagig, mit einer Gesamtschichtdicke von 18 bis 20 mm, eine Gewebespachtelung mit einer Schichtdicke von 2 bis 4 mm und einem Deckputz auf Silikonharzbasis mit einer Kornstärke von 1,5 mm und Farbanstrich ausgeschrieben.

Außenwand-Typ 2 (AW2)
Für die Außenwand wurde eine Holzverkleidung, Rhomboidschalung von 25 mm mit einer Hinterlüftung von 40 mm, Windpapier-WD, Steinwolle 2 × 100 mm auf einem Untergrund aus Beton ausgeschrieben.

Außenwand Typ 1 kompakt (AW3)
Es wurde ein gestrichener Außenputz mit einer Gesamtschichtdicke von 25 mm (dito AW1) auf Wärmedämmplatten WD Lambda White (031) mit einer Dämmdicke von 200 mm auf einem Untergrund aus Beton ausgeschrieben.

Konstruktion der Balkone
Der Bodenaufbau besteht aus dem Bodenelement »Eggo« mit Gefälle und einer Schichtdicke von 220 bis 260 mm, einer OSB-Holzwerkstoffplatte von 15 mm, einer 2-lagigen PBD-Abdichtung, einer Gummischrotmatte und einem Holzrost mit Unterkonstruktion.

Bei der Beurteilung der sichtbaren Putzschäden wurden nur AW3 »Außenwand Typ 1 kompakt« sowie die Konstruktion der Balkone in Augenschein genommen.

Brüstungsaufbau
Die Brüstung besteht aus einer Holzunterkonstruktion mit Holzbalken, auf der Außenseite mit Dreischicht-Holzwerkstoffplatten und zementgebundenen Putzträgerplatten verkleidet. Auf der Außenseite wurden die Balkonbrüstungen fugenlos mit Gewebespachtelung und Deckputz beschichtet. Die Innenseite wurde mit einer vollflächigen Aluminiumabdeckung verkleidet. Die Brüstungsabdeckung wurde aus eloxiertem Aluminium erstellt und auf einer mit Bitumen beschichteter Dreischichtholzwerkstoffplatte verklebt. Die seitlichen Abschlüsse wurden mit Stehborden und mit Kittfüllstoff ausgeführt.

3 Vorgehen und Konstruktion

Gemäß Planunterlagen wurde die Gebäudehülle aus drei unterschiedlichen Wandtypen erstellt:

Außenwand Typ 1 (AW1)
AW1 besteht aus hochdämmendem, monolithischem Mauerwerk Porotherm T7 42,5 cm, einem mit Perlit gefüllter Ziegel, mit 25 mm Außenputz, gemäß Werkvertrag Normpositionenkatalog (NPK) 342.

Bild 3 Rohbau mit Balkon aus Holzkonstruktion [Quelle: Bauleitung]

Bild 4 Balkon vor der Fertigstellung [Quelle: Bauleitung]

Bild 5 Beispiel: Außenansicht mit verputzter, mittlerer Betonstütze [Quelle: M. Kistler]

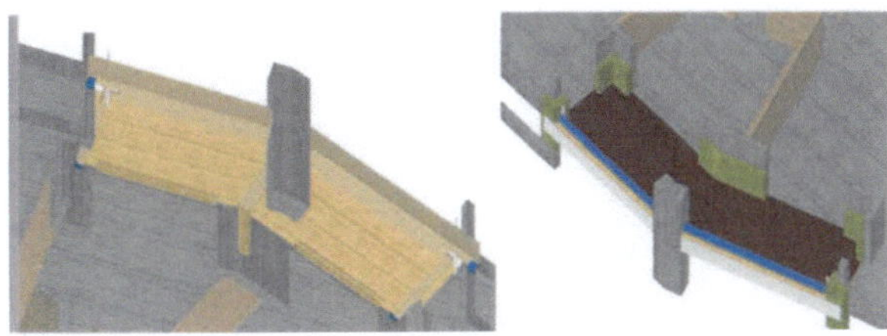

Bild 6 Detailansicht: Holzkonstruktion [Quelle: Planskizze Holzbau]

4 Sondieröffnung am Fassadenschaden

Noch während der Fertigstellung konnten bereits Putzaufwölbungen und Risse im Bereich des Materialwechsels zwischen verputzter Außenwärmedämmung und Außenbereich der Balkonbrüstung festgestellt werden.

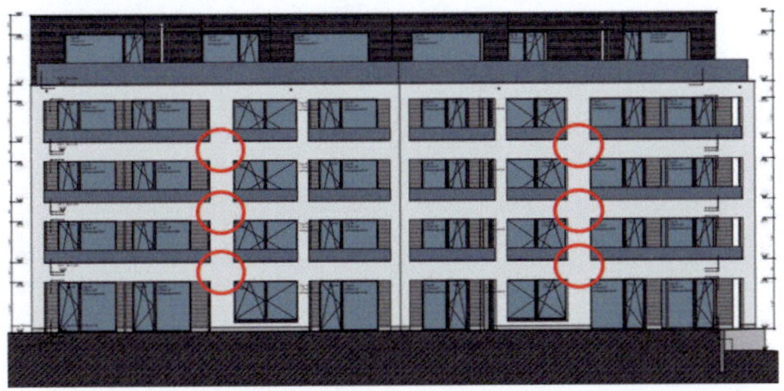

Bild 7 Auszug Plannummer 3301.F:Ansicht Südfassade Haus F; Markierung: Putzaufwölbungen und Rissbildungen [Quelle: Auftraggeber]

Bild 8 Putzaufwölbungen, Rissbildungen: Teilweise sind die Kanten der darunterliegenden Putzträgerplatten sichtbar [Quelle: M. Kistler]

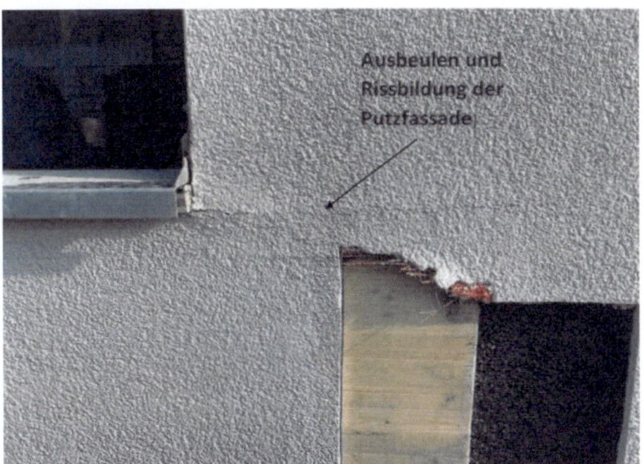

Bild 9 Sondieröffnung im Bereich Holzbrüstungselement [Quelle: M. Kistler]

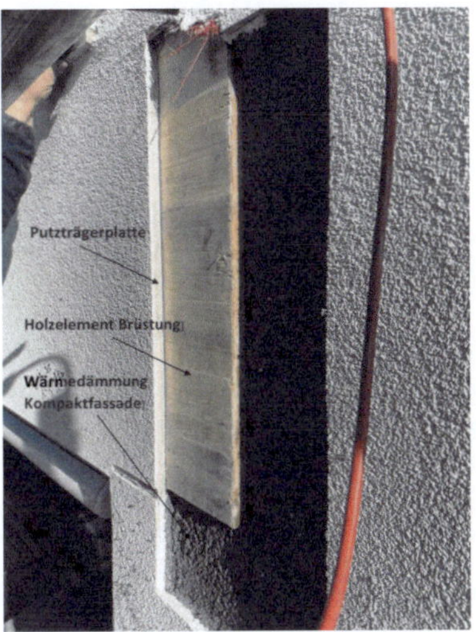

Bild 10 Seitliche Ansicht der freigelegten Balkonbrüstung: Die Putzträgerplatte wurde nur im äußeren Rand am Traggrund mechanisch befestigt. [Quelle: M. Kistler]

5 Ursache der Fassadenschäden

Grundsätzlich gilt, dass die jeweiligen Untergründe für Wärmedämmplatten sowie für deren Beschichtungen so formstabil sein müssen, dass keine schädlichen Auswirkungen auf das verputzte Außenwärmedämmsystem entstehen können. Das heißt, dass die Eigenschaften und das mögliche hygrische und thermische Verformungsverhalten der verwendeten Baustoffe, in diesem Fall mehrlagige Holzwerkstoffplatten und zementgebundene Putzträgerplatten, vorher hätten geprüft werden müssen.

Folgende Tabellen zeigen die Maßänderungen bei unterschiedlichen klimatischen Bedingungen.

Masse und Messung — Allgemeines

Holzwerkstoff		Massänderung je 1% Änderung des Feuchtegehalts		
Typ	Klasse/Holzart	Länge in %	Breite in %	Dicke in %
Spanplatten (nach SN EN 312)	P4, P6	0,05	0,05	0,7
	P5, P7	0,03	0,04	0,5
OSB-Platten (nach SN EN 300)	OSB/2	0,03	0,04	0,7
	OSB/3, OSB/4	0,02	0,03	0,5
Faserplatten (nach SN EN 622-2, -3 und -5)	HB (hart)	0,03	0,03	0,5
	MBL, MBH (mittelhart)	0,04	0,04	0,7
	MDF	0,05	0,05	0,7
Sperrholz (nach SN EN 636)	Fichte oder Föhre	0,015	0,015	0,2
	Buche	0,025	0,025	0,3
zementgebundene Spanplatten (nach SN EN 634-2)		0,05	0,05	0,04
Massivholzplatten mehrlagig (nach SN EN 13353)		0,02	0,035	0,2

Tabelle 1.3-1: Massänderung je 1% Änderung des Feuchtegehalts nach CEN/TR 12872 bei Holzwerkstoffen.

Tabelle 1 Maßänderungen bei mehrlagigen Massivholzplatten [Quelle: Norm SN EN 13353]

Kennwerte	
Rohdichte ρ_K	ca. 1000 kg/m³
Flächengewicht	ca. 12,5 kg/m²
Ausgleichsfeuchte bei Raumklima	ca. 5%
Wasserdampf-Diffusionswiderstandszahl μ	56
Wärmeleitfähigkeit $\lambda_{10,tr}$ [nach DIN 12664]	0,17 W/mK
Wärmedurchlasswiderstand $R_{10,tr}$ [nach DIN 12664]	0,07 m²K/W
Spezifische Wärmekapazität c_p	1000 J/kgK
Biegefestigkeit	≥ 6,0 N/m²
E-Modul Biegung	ca. 6000 N/mm²
Alkalität	ca. 10
rel. Längenänderung [nach EN 318]	0,15 mm/m* 0,10 mm/m**

* zw. 30% und 65% rel. LF
** zw. 65% und 85% rel. LF
Weitere Daten und Informationen entnehmen Sie bitte der Europäisch Technischen Zulassung ETA-07/0087

Tabelle 2 Beispiel: Maßänderungen bei zementgebundenen Putzträgerplatten [Quelle: Fermacell]

Gemäß der Angaben aus Tabelle 1 sind bei mehrlagigen Holzwerkstoffelementen weniger Längenänderungen, dafür ein Quellverhalten unter erhöhtem Feuchteeinfluss zu erwarten. Bei zementgebundenen Putzträgerplatten wie in Tabelle 2 sind hingegen Längenänderungen bei unterschiedlicher relativer Luftfeuchte zu erwarten.

Sind die Putzträgerplatten wie in diesem Fall ungenügend am Traggrund befestigt, ist mit zusätzlichen Verformungen, wie Aufwölbungen, zu rechnen.

Weitere negative Einwirkungen auf den Schadenverlauf sind den Brüstungsabschlüssen geschuldet.
Die Planung und Ausführung wurden rudimentär, ohne Berücksichtigung der üblichen Witterungsbelastungen vorgenommen. Als Beispiel sind hier die seitlichen An- und Abschlüsse der Brüstungsabdeckungen sowie die Montage derselben erwähnt.

Bild 11 Die Unterkonstruktion unter der Brüstungsabdeckung mit Dreischichtholzplatte steht seitlich neben der Fensterbank und vorne an der Putzbeschichtung vor. Stirnseitig ist sie unbeschichtet und knapp höher als die Abkantung der Fensterbank. Die Putzbeschichtung wurde ohne Trennung an die Dreischichtholzplatte geführt. [Quelle: M. Kistler]

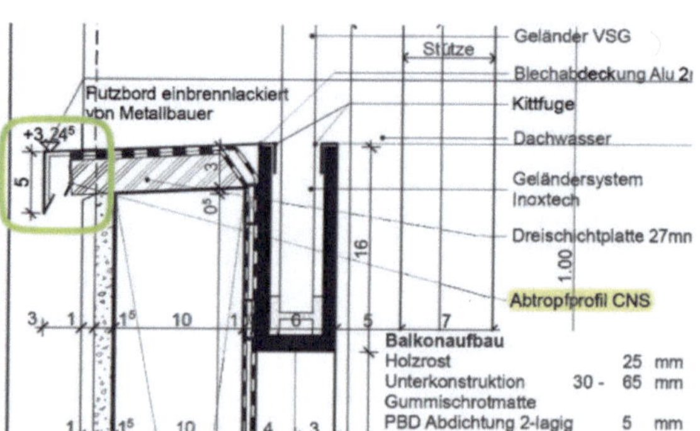

Bild 12 Unterkonstruktion mit Dreischichtholzplatte: Seitlich ist sie bündig mit der Fensterbank, stirnseitig mit Putz beschichtet und weist einen umlaufenden Riss auf. Die Brüstungsabdeckung aus eloxiertem Aluminium wurde nur punktuell mit Montagekitt befestigt. Im Luftraum unter der Fensterbank sind bei starker Erhitzung ablaufende Bitumenspuren zu sehen. [Quelle: M. Kistler]

Bild 13 In den Detailplänen der Balkonbrüstung aus einer Holzkonstruktion wurde als Abschluss, stirnseitig unter der Fensterbank, im Bereich der Feuchtigkeitssperre ein zusätzliches Abtropfprofil eingeplant. Dieses wurde so nicht ausgeführt. [Quelle: Bauleitung]

Aufgrund der noch laufenden Abklärungen durch den Holzbauingenieur konnten noch keine fundierten Messresultate der materialspezifischen Längenänderungen seitens Holzbau erläutert werden.

Abklärungen haben ergeben, dass eine fugenlose Ausführung zur Überbrückung von Materialwechsel mit zementhaltigen Putzträgerplatten von Systemherstellern aus der Schweiz so noch nie geprüft und/oder zur Ausführung freigegeben wurde.

Aufgrund der bisherigen Beobachtungen am Objekt konnte im Jahresverlauf festgestellt werden, dass je nach Ausrichtung der Gebäude und Grad der Witterungsbelastung die Putzaufwölbungen und Rissbildungen an den vorgenannten Örtlichkeiten zunehmen. Bereits vorgenommene partielle Sanierungen an der verputzen Außenwärmedämmung erbrachten nicht den erwarteten Erfolg. Deshalb ist davon auszugehen, dass eine Überbrückung eines Materialwechsels im Untergrund mit Putzträgerplatten aufgrund der unterschiedlichen Materialeigenschaften nicht funktionieren kann.

6 Fazit

Mit dem heutigen Fokus auf gute Ökobilanzen von Baustoffen mit geringem fossilen Energieverbrauch, nachhaltig und vollständig recycelbar, kommt neben Beton und Stahl immer mehr Holz zum Einsatz. Die Vorteile von Holz als schlechter Wärmeleiter im Bereich von Wärmeschutz im Sommer und Winter und des Weiteren für gesundes Raumklima durch optimale Luftfeuchtigkeit und dergleichen liegen für Baustoffe aus Holz auf der Hand.

Ob wie im dargelegten Fall der Überbauung von Mehrfamilienhäusern mit 148 Wohnungen der Einbau von halb fertigen Balkonkonstruktionen aus Holz, eingebaut in Massivbau aus Beton, die oben genannten Vorteile zum Tragen kommen, ist zu bezweifeln.

Die Ergebnisse von qualitativen handwerklichen Leistungen, um ein mangelfreies Werk zu erstellen, ist nicht nur von der Ausführung und der Materialwahl abhängig. Sie hängt eng mit komplexen Bedingungen zusammen, unter denen ein Bauwerk erstellt wird. Des Weiteren sind ungenügende Planungsleistungen sowie Zeitdruck erheblich an den aufkommenden Schäden an der verputzten Außenwärmedämmung mitbeteiligt.

7 Sanierungsempfehlung

Aufgrund wechselnder Untergrundbeschaffenheit müssen entsprechend geeignete Systemprodukte und Ausführungsrichtlinien, z. B. zur Befestigung von Putzträgerplatten gewählt werden.

Bei Konstruktions- und Materialwechsel sind im Traggrund ausreichend dimensionierte Bewegungszonen und entsprechende Bauteiltrennungen zu erstellen.

Bauteiltrennungen im Traggrund sind in der Fassadenoberfläche respektive in der verputzten Außenwärmedämmung zu übernehmen.

Die Unterkonstruktion aus einer Dreischichtholzplatte unter der Brüstungsabdeckung ist so zu kürzen, dass diese nachfolgend wirksam gegen eindringende Feuchtigkeit abgedichtet werden kann.

Die Montage der Brüstungsabdeckung ist mit geeigneten Baustoffen fachgerecht zu montieren.

Die An- und Abschlüsse der Brüstungsabdeckung aus Stehborden sind mit entsprechend dimensionierten Putzborden zu ersetzen, deren Putzanschlüsse sind anstelle von Kittfüllstoffen mit vorkomprimierten Dichtbändern abzudichten.

8 Literaturreferenzen

- Norm SIA 118 Allgemeine Bedingungen für Bauarbeiten (Ausgabe 2013)
- Norm SIA 180 Wärme- und Feuchteschutz im Hochbau (Ausgabe 1999)
- Norm 118/243 Allgemeine Bedingungen für verputzte Aussenwärmedämmungen (Ausgabe 2008)
- Norm SIA 243 Verputzte Aussenwärmedämmung (Ausgabe 2008)
- Norm SIA 271 Abdichtung im Hochbau (Ausgabe 2007)
- Norm 118/274 Allgemeine Bedingungen für Abdichtungen von Fugen in Bauten (Ausgabe 2010)
- Norm 266 Mauerwerk (Ausgabe 2015)
- Norm 274 Abdichtungen von Fugen in Bauten Projektierung und Ausführung (Ausgabe 2010)
- Norm SIA 279 Wärmedämmstoffe (Ausgabe 2011)
- Norm 414/1 + 414/2 Masstoleranzen im Hochbau (Ausgabe 2016)

Der Autor

Max Kistler

- Eidg. Dipl. Gipsermeister
- akkreditierter Fachexperte SMGV
- ISK-Mitglied
- CH-5425 Schneisingen
  E-Mail: info@kistlerbauexpert.ch

Geklebter und gedübelter WDVS-Dämmstoff = standsicher?

Unklare Anforderungen an den Untergrund nach Zulassung

Hans Kögler

Kurzfassung: In Deutschland werden die Systemkomponenten und die Verarbeitung (technische Soll-Ausführung) nach den allgemein bauaufsichtlichen Zulassungen (abZ) geregelt. Bei geklebten und gedübelten WDVS an Bestandsobjekten werden unklare Anforderungen an den Untergrund gestellt.

Schlagwörter: WDVS; Zulassung; Standsicherheit; Untergrundhaftung; hygrothermische Verformung; Lastabtragung Eigengewicht; Lastabtragung Windsog

1 Sachverhalt

Ein Bestandsgebäude erhielt ein WDVS mit geklebten und gedübelten Mineralfaserdämmplatten 800 mm × 625 mm. Der Klebeuntergrund bestand teils aus einem beschichteten Altputz auf Mauerwerk und teils unverputztem Klinkermauerwerk.

Die Oberputzfläche des WDVS zeigte keinerlei Anzeichen (z. B. Risse, Ablösungen), die auf eine Beeinträchtigung der Standsicherheit hindeuteten.

Im Rahmen eines selbstständigen Beweisverfahrens wurde der Sachverständige gefragt, ob das System »ordnungsgemäß« verklebt wurde und ob die Standsicherheit gegeben sei.

2 Ist-Ausführung (Verklebung)

Zur Überprüfung der Verklebung wurden Dämmplatten ausgebaut. Der Kleber wurde einseitig auf die Dämmplatten mit einem Zahnspachtel aufgekämmt.

2.1 Bereich: »beschichteter Altputz«

Die Kleberraupen hafteten mit bis zu ca. 90 % an der Rückseite der Dämmplatten. Davon betrug die Kontaktfläche der Kleberraupen mit dem Untergrund ca. 50 bis 70 %. Die hellblaue Beschichtung des Altputzes blieb punktuell auf den Kleberraupen hängen (siehe Bild 1).

Bild 1 Kleber auf der Dämmplattenrückseite; Untergrund: beschichteter Altputz

2.2 Bereich »Klinkermauerwerk«

Die Kleberraupen hafteten mit bis zu ca. 50 % am Klinkermauerwerk.
Bei den abgelösten Kleberraupen sind die weißen Haftspuren auf dem Klinkermauerwerk zu sehen (siehe Bild 2).

Bild 2 Kleberuntergrund »Klinkermauerwerk«

3 Technische Soll-Ausführung nach abZ

Bei geklebten und gedübelten Systemen wird bei der Standsicherheit unterschieden:

- Lastabtragung Windsog nur über die Verdübelung,
- Lastabtragung Eigengewicht und hygrothermische Verformungen nur über die Verklebung der Dämmplatten an den Untergrund.

Anforderungen an den Untergrund nach Ziffer 4 der abZ (zur Erfüllung der Lastabtragung Eigengewicht und hygrothermische Verformungen):

- »Die Oberfläche der Wand muss fest, trocken, fett- und staubfrei sein.«
- »Die Verträglichkeit eventuell vorhandener Beschichtungen mit dem Klebemörtel ist sachkundig zu prüfen.«

Nach Ziffer 4.1 der abZ ist eine Verklebung mit der Punkt-Wulst-Methode oder eine »vollflächige« Verklebung möglich.

Im vorliegenden Fall wurde eine »vollflächige« Verklebung mit einseitigem Kleberauftrag auf den Dämmplatten ausgeführt.

Wenn die Anforderungen der abZ erfüllt sind, ist nach Rückbau der Dämmplatten folgendes Bruchbild zu erwarten:

- ca. 50 % Kontaktfläche auf dem Untergrund,
- vollständige Haftung der Kleberraupen auf dem (beschichteten) Untergrund,
- Bruch in der Dämmplattenebene.

4 Vergleich der Ist-Verklebung mit der technischen Soll-Verklebung nach abZ

Die Ist-Verklebung weicht erheblich von der Soll-Verklebung ab:

- keine Kontaktfläche von ca. 50 % auf dem Untergrund,
- keine vollständige Haftung der Kleberraupen am Untergrund,
- überwiegender Bruch zwischen Untergrund und Kleberraupen.

5 Beurteilung

Nach Ziffer 3.1.1.1 »Standsicherheit« der abZ:
»Der Nachweis des Abtrags der Lasten aus Eigengewicht und hygrothermischen Einwirkungen ist, für die im Abschnitt 2.1.2 genannten WDVS, bei einer Verarbeitung gemäß Abschnitt 3.2 erbracht.«

Ziffer 3.2 der abZ beschreibt die Ausführung:

- Anbringen der Dämmplatten,
- Verklebung,
- Verdübelung,
- Ausführung des Unterputzes und der Schlussbeschichtung.

Da die Verklebung der Dämmplatten an den Untergrund nicht den Anforderungen der abZ erfüllt, ist die »Standsicherheit nach abZ« für das WDVS nicht gegeben.

6 Fazit

Zur Erfüllung der Anforderungen der abZ wäre das WDVS zurückzubauen und neu zu erstellen.
Die qualitativen Anforderungen in der abZ lassen leider keine andere, nachvollziehbare Beurteilung zu.

Die Lastabtragung des Eigengewichtes und Aufnahme von hygrothermischen Verformungen erzeugen in der Grenzschicht Untergrund zum Kleberbett Scherspannungen. Die Messung von Scherspannungen vor Ort ist nicht möglich. Als Ersatzgröße bedient man sich mit der Haftzugsfestigkeit des Untergrundes, die vor Ort quantitativ ermittelt werden kann.
Welche Haftzugsfestigkeit bezogen auf welche Kleberkontaktfläche für die Lastabtragung des Eigengewichts und zur Aufnahme der hygrothermischen Verformungen notwendig ist, ist nicht bekannt.

Nicht nachvollziehbar ist, warum die abZ eine Kleberkontaktfläche von 40 % bei der Punkt-Wulst-Methode fordert und bei der »vollflächigen« Verklebung 50 % (einseitiger Kleberauftrag mit Zahnspachtel) bei gleichen qualitativen Anforderungen an den Klebeuntergrund.

Ein Rückbau eines äußerlich »schadenfreien« WDVS wäre zu verhindern, wenn in der abZ detailliertere Anforderungen an den Untergrund angegeben wären, zum Beispiel »Mindesthaftzugsfestigkeit des Untergrundes bezogen auf die Klebekontaktfläche«. Nach meiner Einschätzung ist für die Lastabtragung des Eigengewichts ein Anteil der Klebekontaktfläche von ca. 20 % ausreichend und ca. 80 % für die Lastabtragung der hygrothermischen Spannungen.

In der Praxis werden oftmals WDVS nachgedübelt, um Fehler in der Klebefläche bzw. Haftung am Untergrund zu kompensieren. Diese Methode hat sich bewährt, auch wenn für die Dübel keine Zulassung für die Lastabtragung des Eigengewichts vorliegt.

Außerdem wäre wünschenswert, dass in den Zulassungen klar geregelt wird, was unter einer »vollflächigen Verklebung« gemeint sei (einseitiger- oder zweiseitiger Kleberauftrag). Missverständnisse können beseitigt werden, wenn die Mindestklebekontaktfläche angegeben wird.

Der Autor

Hans Kögler

- Dipl.-Ing. (FH)
- öffentlich bestellter und vereidigter (ö.b.u.v.) Sachverständiger für »Schäden an Gebäuden«
- ISK-Mitglied und Mitglied im LVS Bayern e. V. (www.lvs-bayern.de)
- D-91796 Ettenstatt
  E-Mail: info@sv-koegler.de

Baubegleitende Qualitätskontrolle WDVS – Geschäftsfeld für Sachverständige

Dieter F. Glaser

Kurzfassung: Eine baubegleitende Qualitätskontrolle für WDVS vermeidet Ausführungsmängel und Schäden bzw. Folgeschäden. Ferner kann dies ein zusätzliches Geschäftsfeld für Sachverständige oder Sachverständigenbüros darstellen.

Schlagwörter: Qualitätskontrolle WDVS; Geschäftsfeld; Schadensvermeidung

1 Einleitung

Seit Jahren bewährt sich in Österreich die baubegleitende Qualitätskontrolle für Wärmedämm-Verbundsysteme bzw. Verputzte Außenwand-Dämmsysteme. Sie hat sich zu einem lukrativen Zusatzgeschäft für Sachverständige entwickelt.
Dabei zeigt sich, dass der Sachverständige jedoch einschlägig und spezialisiert für dieses Gewerk ausgebildet sein muss/soll.
Jahrelange Erfahrung im Umgang mit WDVS sollte Voraussetzung sein – Prospekt- und Normenwissen allein ist zu wenig.

2 Ausgangslage

In den einschlägigen österreichischen Normen und Regulativen wird bereits seit 2011 eine Baubegleitende Qualitätskontrolle für WDVS/VAWD vorgeschlagen. Etabliert hat sich dieses System seit 2015.
Seit damals werden großvolumiger Wohnbau, aber auch immer mehr kleinere Bauvorhaben mittels Qualitätskontrolle begleitet.
Die letztgültige Ausgabe der österreichischen ÖNORM B 6400-Teil 1, Planung und Verarbeitung wie auch die Richtlinie der Qualitätsgruppe WDS bieten für die Überprüfung diverse Checklisten an.

3 Durchführung

Der Vorteil einer baubegleitenden Qualitätskontrolle liegt in der Schadensvermeidung für den Ausführenden wie auch für die Bauherrenschaft selbst.

- Baueinleitungsgespräch/Erstgespräch:
  Idealerweise sollte man eine baubegleitende Qualitätskontrolle mit einem Baueinleitungsgespräch beginnen.
  Das Erstgespräch sollte mindestens einen Monat vor Beginn der Fassadenarbeiten erfolgen.
  Die wichtigsten Beteiligten sind dabei die örtliche Bauaufsicht (ÖBA), die Planer, das ausführende Fassadenunternehmen, die Fenster- bzw. Sonnenschutzunternehmen und gegebenenfalls auch Spengler und Bauschlosser.
- Laufende baubegleitende Qualitätskontrolle:
  Bei der laufenden Qualitätskontrolle wird – je nach Arbeitsschritt – das ausführende Fassadenunternehmen begleitet, überprüft und es erhält eine Einweisung über normgerechte Verarbeitung des WDVS/VAWD:
  - Platten verkleben – Klebekontaktflächen,
  - Abfugen der 1. und 3. Dämmplattenreihe,
  - Plattenverlegung, z. B. Stiefelschnitt,
  - Erläuterung von schlagregensicheren An- und Abschlüssen und Durchdringungen,
  - Flächendübelung – Eckrandverdübelung,
  - Verarbeitung von PU-Schaum, z. B. Verschließen von Plattenstößen,

  - Verarbeitung und Anwendung der unterschiedlichen Anputzprofile:
    - ✓ Fensteranschlussprofil,
    - ✓ Thermo-Einschubprofil,
    - ✓ Sockel-Einschubprofil für Rollokasten,
    - ✓ Bewegungsprofil/Dehnfugenprofile,
    - ✓ Tropfkantenprofil,
    - ✓ Putzanschlussprofil etc.,
  - Erläuterung der Ausführung von Sonnenschutz, Rolladenkästen etc.,
  - Vorbereitungsarbeiten für Fensterbankeinbau – 2. wasserführende Ebene,
  - Einweisung für die Verarbeitung eventuell erforderlicher Brandschutzschotten, z. B. Brandschutzriegel, Banderole,
  - Erläuterung von Attikaanschlüssen,
  - Verarbeitung im Sockel-Spritzwasserbereich bzw. im erdberührten Bereich,
  - Erläuterung des Anarbeitens zu Leitungen, Blitzschutz etc.,
  - Hinweis auf Eigenüberwachung,
  - Hinweis auf Serviceheft – Pflege und Wartung/Wärmedämm-Verbundsysteme,
- Protokollierung
  Die laufenden Qualitätskontrollen werden anhand einer Checkliste durchgeführt. Im Zuge der Kontrolle werden die einzelnen Arbeitsschritte abgenommen, wie zum Beispiel:
  - Platten verkleben – Klebekontaktfläche,
  - Plattenverlegung,
  - Dübelung,
  - Abrissprobe – Anputzleisten,
  - Schichtdicke des bewehrten Unterputzes,
  - Ausführung der schlagregensicheren An- und Abschlüsse etc.

Danach erfolgt die Erstellung des Protokolls bzw. die schriftliche Freigabe für den nächsten Arbeitsschritt.

Die Protokolle werden für die Bauleitung, aber vor allem für das Handwerk einfach und mittels Bildmaterial und einer »Ampelfunktion« verständlich gestaltet, d. h. die Bilder werden mit der jeweiligen Farbe umrandet, die folgende Aussage hat:

- In Rot gehaltene Anmerkung bedeutet:
  → Ausführungsmangel – Verbesserung, Handlungsbedarf (Aktion)
- In Gelb gehaltene Anmerkung bedeutet:
  → diverse vereinbarte Details, Arbeiten etc. sind noch auszuführen
- In Grün gehaltene Anmerkung bedeutet:
  → korrekte Ausführung

4 Beispiele aus der Praxis

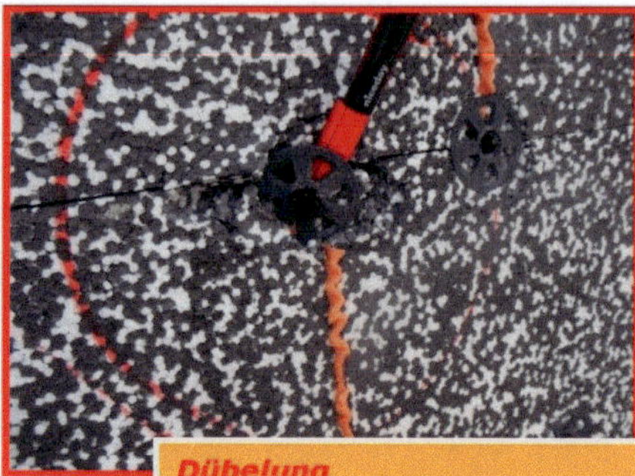

Bild 1 Dübelung

Bild 2 Dämmplattenverlegung

Bild 3 Bewehrter Unterputz/Schichtdickenmessung

5 Fazit

Eine Baubegleitende Qualitätskontrolle, die sich in den meisten Fällen mit Kosten von wenigen Tausend Euro niederschlägt, kann für die Zukunft Schäden, Mängel und Folgekosten in 6-stelligen Summen und oft noch mehr verhindern.

Der Autor

Dieter F. Glaser

- Bauingenieur, Ing., MBA
- Stuckateur- und Trockenbaumeister
- allgemein beeideter und gerichtlich zertifizierter (a.b.g.z.) Sachverständiger – Bauwesen
- Vorsitzender der Österreichischen Arbeitsgemeinschaft Fensterbank Fachnormenexperte
- Fachgruppenobmann der Stuckateure und Trockenausbauer WKO Burgenland
- A-8292 Neudau
  E-Mail: office@der-sachverstaendiger.at

Wasserwanderwege am Bauteilknoten Fenster

Eintrag über das Fenster in die Wandkonstruktion?

Gerhard Enzenberger

Kurzfassung: Dass Feuchtigkeit fast immer der Auslöser für Schäden am Bauteilknoten Fenster ist, ist nicht neu. Spannend bleibt aber die Frage, wie das Wasser in die Wand kommt und welche Ursachen dafür verantwortlich sind.

Schlagwörter: monokausale Bauteilprüfung; gewerkeübergreifende Planung und Ausführung; komplexe Produktvielfalt; Risikoeinschätzung; Instruktionsempfehlungen; Fehlertoleranz; qualitative und quantitative Schadensdiagnose; prophylaktische Vorkehrungen; fehlende Rücktrocknungseffekte; veränderte Bauweise; Ursachenfindung anstelle Symptombehandlung

1 Allgemeines

In der Gebäudehülle ist ein Loch in der Wand eine nicht zu vernachlässigende Herausforderung, ein »Melting Pot« für die gewerkeübergreifende Planung und Ausführung.

An diesem Hotspot treffen aber auch viele Produktindividualkombinationen aufeinander, die sich, wie bei einem Blind Date, oft das erste Mal bei der Montage begegnen, um einander zu beschnuppern und um zu erfahren, ob Funktionalität und Kompatibilität stimmig sind.

Fenster aus Holz, Kunststoff oder Metall, mit und ohne Aluvorsatzschalen aus Halb- und Vollschalen sind in allen erdenklichen Kombinationen anzutreffen.

Putzanschlüsse werden in einer Fensterlaibung oder fassadenbündig eingebaut. Die Bauteiltrennung erfolgt mit Kompribändern oder Anputzleisten oder in Kombination beider, mit und ohne Knautschzone oder in 3-D-Ausführung. Fensterbänke aus Aluminium oder Stein werden eingeputzt oder nach der Fertigstellung der Fassade mit Bordprofilen oder Gleitabschlüssen usw. versetzt.

Beschattungssysteme aus Rollladen, Jalousien in der Ausführung unter oder auf Putz, Führungsschienen werden in die Fensterlaibung integriert oder auf Putz montiert. Gefällekeile, Dichtschlämmen, Dichtbänder, plastoelastische Dichtstoffe, Verschlusskappen, etc. kommen noch hinzu.

Bild 1 Wassereintrag über die Fensterstocknut

Am Bauteilknoten Fenster wird dann diese Produkt- und Materialvielfalt im Zuge der Montage miteinander quasi »verheiratet«. In manchen Fällen gibt es sicherlich Harmonie und so eine Produktbeziehung hält, bis der Rückbau sie scheidet.

Aber es prüfe, wer oder was sich ewig bindet, ob er nicht was Besseres findet, und darum ist diesem sensiblen Bauteilknoten gebührende Sorgfalt zu widmen. Ab und zu lohnt es sich, auch eine externe Expertise oder eine Bauteilfunktionalitätsprüfung vorzunehmen, eine Standortbestimmung oder Risikoeinschätzung, sozusagen eine Vorsorgeuntersuchung durchzuführen.

Wenn´s schiefgeht, ist der Baugutachter dann in der Funktion des Scheidungsrichters tätig und befundet, selektiert, detektiert, prüft und beurteilt den technischen Sachverhalt. Er rekonstruiert, warum die Produktion, Material oder die Montage fehlgelaufen ist.

2 Monokausale Ursachenfindung

Mit der Unterstützung von zwei sehr geschätzten Kollegen vom Dr. Robert-Murjahn-Institut (RMI), Herr Dr. Engin Bagda und Herr Dr. Helge Kramberger wurde Pionierarbeit in der Ursachenfindung der Wasserwanderwege am Bauteilknoten Fenster vorangetrieben.

Monokausale Ursachenfindung lautete der Projektauftrag zur Erarbeitung einer Prüfmethodik, um unter definierten Prüfbedingungen sowohl qualitativ als auch quantitativ festzustellen, welche Menge Wasser in die Bauteile eindringt. Denn nur dadurch ist es möglich, eine Verbesserung, Ertüchtigung oder erfolgreiche Reparatur und Instandsetzung vorzunehmen oder erst gar nicht ein Schadensrisiko einzugehen.

Monokausal wurden die Eigenschaften einzelner Bauteile auf einen möglichen Wassereintritt und die Auswirkung von Instruktionsempfehlungen untersucht.

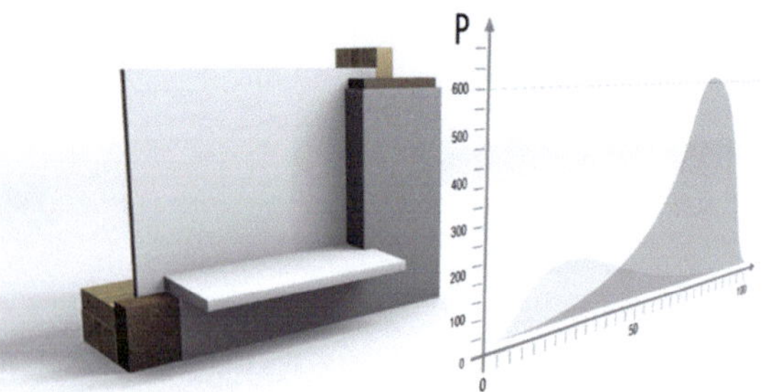

Bild 2 Monokausale Bauteilprüfung

Eine qualitative Schadensdiagnose lässt sich nicht nur im Prüflabor, sondern auch am Objekt unter monokausalen Bedingungen evaluieren.

Wie dicht ist die Putzanschlussfuge? Welche Fehlertoleranz haben die Material- und Instruktionsempfehlungen?

3 Fenster als mögliche Eintragsquelle für Wasser

Können Fenster Wasser in die Wand leiten? Warum wird nach einer Schlagregenprüfung Feuchtigkeit auch in manchen Fensterhohlprofilen festgestellt?

Welchen Einfluss hat die Profilgeometrie auf die Wasserführung? Trocken versus Nassverglasung? Wird eingedrungene Feuchtigkeit geplant ausgeleitet?

Schädigt nur Niederschlagswasser von außen oder auch kondensierende Feuchtigkeit von innen, infolge von Konvektion, den Bauteilknoten und welche Konzepte oder prophylaktische Vorkehrungen werden geplant und ausgeführt, um dieses Schadensrisiko zu vermeiden?

Fensterkonstruktionen aus Kunststoff, Glas, EPDM (Ethylen-Propylen-Dien-(Monomer)-Kautschuk) und Aluminium sind feuchtigkeitsinert und alleine der Gedanke, dass hier Wasserwanderwege stattfinden können, steht nicht unmittelbar im Fokus. Gelangt jedoch Wasser in die Profile, so stellt sich die Frage, wie wird diese Feuchtigkeit geplant und schadensunwirksam ausgeleitet? Verbleibt das Wasser im Profil und kommt es zu einer Aufheizung durch Sonneneinstrahlung, begünstigt zum Beispiel durch dunkle Vorsatzschalen, entsteht eine konvektive Feuchtigkeitsverteilung. Das Wasser verdampft und kondensiert dann in Bereichen, wo niemals Wasser erwartet wird.

Meist sind es mehrere, komplexe sich überschneidende Ursachen, die einen unerwünschten Wassereintritt bewirken. Es ist aber unbefriedigend, festzustellen, dass nach einer Bauteil-Schlagregenprüfung Wasser in der Wand konstatiert wird und niemand nachweisen kann, woher wie viel Wasser kommt. Deshalb hat sich die monokausale Ursachenfindung unter Spezialisten etabliert.

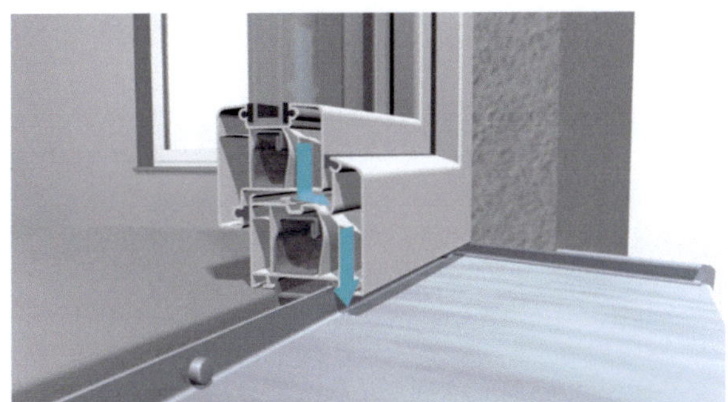

Bild 3 Fenster- und Fensterstockentwässerung

Ab wann eine Überdosis Feuchtigkeit kritisch wird und ob ein latenter Wassereintritt oder ein außergewöhnliches Ereignis schadenskausal wirkt, bedarf der Erfahrung des Gutachters. Nicht zuletzt deshalb, weil eine Behebung nicht auf Verdacht oder bürokratisch auf Regelwerke gestützt, sondern geeignet, erforderlich und angemessen erfolgen sollte – es geht um die Verhältnismäßigkeit.

4 Schadenssymptomatik

Die Schadenssymptome zeigen sich meist an der Fassade. Ein feuchter Putz, eine Rissbildung, eine Quetschfalte oder ein Pilz, der aus dem Dämmstoff wuchert. Die Wechselwirkung von Wassereintritt und mangelhafter Rücktrocknung ist, ursächlich für all diese unerwünschten Schadensbilder. Ursachenfindung vor Symptombehandlung!

Aber warum beschäftigt diese Thematik besonders in den letzten Jahren die Baubranche in diesem Ausmaß?

Viele sehr erfahrene »alte Hasen« haben berichtet, dass diese Anhäufung von Schäden rund um das Fenster in der Vergangenheit weitestgehend unbekannt war. Diesem Dialog folgend habe ich versucht, dafür eine Erklärung zu finden.

Nun, kritisch hinterfragt, ist die Antwort darauf mit einer Gegenfrage sehr einfach und logisch erklärbar:

Was haben wir gegenüber den vergangenen Jahren am Bau denn so alles verändert?

Eine moderne Architektur ohne konstruktiven Wetterschutz, große Fensterflächen und eine komplexe Material- und Werkstoffvielfalt prägen die neue Bauweise.

Energiepolitisch motiviert hat sich aber auch die Haustechnik fundamental geändert.
Eine bessere Dämmung an der Fassade, Dach und Fenster reduzierte den Heizenergiebedarf erheblich – deshalb änderten sich die Heizsysteme. Zirkulierte früher in den Heizkörper unter den Fenstern heißes Wasser mit einer Vorlauftemperatur von 60 bis70 °C, so haben wir heute Fußbodenheizungen mit Vorlauftemperaturen um die 27 °C. Passivhäuser kommen überhaupt ohne Heizung aus.

Dadurch fehlen aber, an den feuchtigkeitssensiblen Fensterbereichen, die wohltuenden, schadensminimierenden Rücktrocknungseffekte. Etwas übertrieben dargestellt wurden in der Vergangenheit diese Bereiche so stark rückgetrocknet, dass im Winter der Schnee bis zu einem Meter vor dem Gebäude weggeschmolzen wurde. Damit wurde die zweifelsohne auch damals vorhandene Feuchtigkeit schadensunwirksam rückgetrocknet. Heute bringen wir aufgrund der Energieoptimierung nicht mehr diese Power an diese sensiblen Bauteilknoten. Dadurch versagt die Rücktrocknung und es kann zu einer latent voranschreitenden Auffeuchtung dieses Bauteilknotens kommen.

Bild 4 Feuchtigkeitskonzentration im Bereich der Fensterbankecken

Bleibt der Wassereintritt lange Zeit unentdeckt und die kaum sichtbaren Symptome an der Fassade werden nicht wahrgenommen, so kann das besonders im Holzbau zu massiven Schäden führen. Fassadendämmstoffe aus expandiertem Polystyrol (EPS)sind gegenüber Holzweichfaser-Dämmstoffen als Indikator sehr träge und überdecken eine Hinterfeuchtung oft viel zu lange.

5 Resümee

Der Bauteilknoten Fenster erfordert eine exakte Planung und Koordination der Schnittstellenproblematik. Ein Kompromiss jagt den anderen und das Prinzip Zufall oder komplexe teure »Lösungen« wiegen in Sicherheit. Die Angebotsvielfalt an »Detaillösungen« aber verblendet oft die Sicht auf das Wesentliche. Oft sind prophylaktisch gesetzte Maßnahmen sehr einfach, kostensparend und wirkungsvoll.

Vor dem Fenstereinbau empfiehlt sich grundsätzlich der Einbau einer unterbrechungsfreien, wasserdichten Folie mit seitlichem Hochzug von der Wandinnenkante bis zur Außenkante der Dämmung. Dadurch wird sichergestellt, dass keine schädigende Feuchtigkeit in die Bausubstanz eindringen kann. Meines Erachtens ein absolutes Must-have im Holzbau.
Anfangs belächelt, dann kopiert, mittlerweile Standard, nicht nur unter Insidern.

Im Vortrag werden einige einfache Lösungen zum Detektieren von Schäden und der Behebung oder Reparatur aufgezeigt.

In diesem Sinne ist ein sensibler und weitsichtiger Umgang mit diesem Thema gefordert: flexibles Agieren und nicht Reagieren sowie eine penible Kontrolle der verwendeten Werkstoffkombinationen mit einer soliden gewerkeübergreifenden Ausführung.

Der Autor

Gerhard Enzenberger

- Dipl.-HTL-Ing.
- Malermeister
- allgemein beeideter und gerichtlich zertifizierter (a.b.g.z.) Sachverständiger
- A-4922 Geiersberg
  E-Mail: gerhard.enzenberger-sv@gmx.at

Fensteranschlüsse und deren Schadensquellen bei Putzfassaden und Außenwärmedämmungen

Manfred Haisch

Kurzfassung: Schäden an Fassadenputzen und Wärmedämmungen, die ihre Ursache im nicht richtlinienkonformen Einbau von Fenstern, Fenstertüren und Haustüren und/oder an fehlerhaft ausgeführten Anschlüssen haben, sind Inhalt dieses Beitrags.

1 Schäden

1.1 Montagefehler

Die nachfolgenden Bilder zeigen typische Symptome an Fassaden, die ihre Mangelursache in der unzureichenden Montage der Fenster haben. Dies können zum Beispiel sein:

- undichte Bordstücke,
- fehlende Stockrahmendichtung,
- nicht verschlossene Fensterrahmennuten,
- nicht dichte Verblendschalen,
- nicht dichte Führungsschienengrundkörper.

Bild 1 Westgiebel der Gemeindehalle in Gschwend: Bestandsgebäude mit energetischer Sanierung durch WDVS und neue Holz-Alu-Fenster; Abplatzungen am Oberputz des WDVS

Bild 2 Detail OG aus Bild 1, Abplatzungen über dem Sockelprofil und über den Jalousienkästen

Bild 3 Kindergartenneubau in Gschwend: Holzständerbauweise mit verputzter Holzweichfaserdämmung

Bild 4 Putzabplatzungen unterhalb des Fensterelements

Bild 5 Abplatzungen am Oberputz im Bereich des MiWo-Brandriegels

Bild 6 Neubau Mehrfamilienhaus in Lorch: WDVS aus expandiertem Polystyrol (EPS) mit Brandriegel; Putzabplatzungen im Bereich des Sockelbrandriegels und des Brandriegels über der EG-Decke

Bild 7 Sanierung eines Wohnhauses mit WDVS und neuen Kunststofffenstern mit Metallfensterbänken: großflächige Putzabplatzungen an einem WDVS mit Mineralfasern (Foto: Tobias Neumaier, Mögglingen)

2 Planung/Hersteller

Verschiedentlich werden aufgrund fehlender oder unzureichender Planungsvorgaben improvisierte Baustellenlösungen ausgeführt, die meist keine dauerhafte Ausführung der WDVS- und Putzanschlüsse ermöglichen.

Bild 8 Büroneubau in Uhingen: WDVS mit MF-Lamelle, keine Detailplanung der Putz- und WDVS-Anschlüsse

Bild 9 Undichter Dehnungsausgleicher bei einer Metallfensterbank an einem Fenster mit verdeckter Entwässerung bei einer Putzfassade

Bild 11 Unzureichende Befestigung der Fensterelemente durch Zimmermannswinkel und zu kleinen Schraubkopf

Bild 10 Der neueste Schrei aus der Fensterindustrie: Fensterbankhalter und Entwässerungsrinne für undichte aufgesteckte Bordstücke

Bild 12 Hier wurde mit einer Siemens-Luftschraube versucht, das Fensterelement am Baukörper zu befestigen.

3 Vorgewerk prüfen

Viele Fehler in der Montage der Fenster können durch Augenschein bereits erkannt werden. Hier sind entsprechende Bedenken anzumelden, damit die Mängel bereits vor den Putz- und WDVS-Arbeiten behoben werden können und somit nicht zu Schäden führen.

Bild 13 Mit dem Allheilmittel Silikon können anscheinend auch Fenster kraftschlüssig am Baukörper befestigt werden.

Bild 14 Wer hat eine Lösung für einen vernünftigen, funktionierenden Putz- und WDVS-Anschluss bei diesem Fenster mit Alu-Vorsatzschale ohne seitliche Abdichtung der Vorsatzschale?

Bild 15 Vor allem bei Außenwärmedämmung ist ein luftdichter Fenstereinbau zur Schadensverhinderung unbedingt erforderlich – also auch mal nach innen schauen!

Bild 16 ...dies gilt natürlich auch für Koppelungen bei Fensterelementen.

4 Welche Regelwerke gelten in Deutschland?

4.1 Fenstereinbau

Für den Fenstereinbau ist der »Leitfaden zur Planung und Ausführung der Montage von Fenstern und Haustüren für Neubau und Renovierung«, Ausgabe März 2020 das Maß der Dinge.
Erstellt wurde der Leitfaden von der Gütegemeinschaft Fenster, Fassaden und Haustüren e. V., Frankfurt und dem ift Institut für Fenstertechnik, Rosenheim.
In Zusammenarbeit mit

- BIV des Glaserhandwerks, Hadamar
- Gütegemeinschaft Fugendichtungskomponenten und -systeme (FDKS), Frankfurt
- Gütegemeinschaft Kunststoff-Fensterprofilsysteme (GKFP), Bonn
- TSD Tischler Schreiner-Deutschland, Berlin
- Unabhängige Berater für Fassadentechnik e. V. (UBF), Schwäbisch Gmünd
- Verband Fenster + Fassade, Frankfurt

Bild 17 Fenster-Leitfaden: »Leitfaden zur Planung und Ausführung der Montage von Fenstern und Haustüren für Neubau und Renovierung« von 2020

4.2 Putzanschlüsse

Für Putzanschlüsse stellt die aktuelle Ausgabe 2021 der Richtlinie »Anschlüsse an Fenster und Rollläden bei Putz, Wärmedämm-Verbundsystemen und Trockenbau« als gemeinsame Richtlinie der folgenden Berufsverbände die allgemein anerkannten Regeln der Technik in diesem Bereich dar:

- Fachverband der Stuckateure für Ausbau und Fassade Baden-Württemberg
- Fachverband Glas Fenster Fassade Baden-Württemberg
- Bundesverband Rollladen + Sonnenschutz e. V.

- Bundesverband Farbe Gestaltung Bautenschutz

unter Mitarbeit von

- Bundesverband Ausbau und Fassade (BAF) im Zentralverband Deutsches Baugewerbe (ZDB)
- Bundesverband Glaserhandwerk
- Bundesverband Tischler Schreiner Deutschland
- Bundesverband Deutscher Steinmetze
- Bundesverband Metall
- Gütegemeinschaft Wärmedämmung von Fassaden e. V.
- Verband für Dämmsysteme, Putz und Mörtel e. V.

Bild 18 Die Richtlinie »Anschlüsse an Fenster und Rollläden erhältlich beim Fachverband der Stuckateure für Ausbau und Fassade Baden-Württemberg« (https://www.stuck-verband.de/saf-shop/fachliteratur/)

Der Autor

Manfred Haisch

- öffentlich bestellter und vereidigter (ö.b.u.v.) Sachverständiger der Handwerkskammer Ulm/Donau für das Stuckateurhandwerk
- Stuckateurmeister und staatl. geprüfter Betriebswirt
- Sachverständigenbüro Haisch
  D-74417 Gschwend
  E-Mail: haisch@mu-ku.de

Luftdichtheit – Blower-Door-Prüfung bestanden – Indiz für Schadenfreiheit?

Roger Blaser Zürcher

1 Einleitung

Dass das Bauen etliche Risiken beinhaltet, ist sicherlich allen am Bau Beteiligten bekannt. Die Risiken liegen in unterschiedlichen Bereichen.
Terminüberschreitungen sind leider keine Seltenheit. So müssen viele Einzugs- und Inbetriebnahmetermine aufgrund einer unzureichenden Terminplanung und -steuerung verschoben werden.
Kostenüberschreitungen sind ebenfalls Hintergrund ausgiebiger Baurechtsstreitigkeiten. Hierbei handelt es sich mehrheitlich nicht nur um eine Abweichung von wenigen Prozenten bei der Baukostenfeststellung gegenüber dem revidierten Kostenvoranschlag. Abweichungen von bis zu 50 % sind nicht nur bei Privatbauten festzustellen.
Die häufigsten Ursachen für Auseinandersetzungen sind jedoch Mängel und Schäden aufgrund einer unzureichenden Qualität bei der Planung und Ausführung von Bauwerken.
Die Sicherheit und den Gesundheitsschutz wollen wir gar nicht verfolgen. Hier hilft kein Risikomanagement, da eigentlich eine Null-Toleranz gelten müsste.
In den Bereichen Termin, Kosten und Qualität kann sicherlich ein Risikomanagement angewendet werden. Dieses muss jeweils eine Risikoidentifikation und -klassifikation beinhalten, damit die entsprechenden Maßnahmen bei der Risikobewältigung ergriffen werden können.

2 Luftdichtheit

2.1 Allgemeines

Die Luftdichtheit stellt in der Bauphysik ein zentrales Thema dar. Bei einer unzureichenden Luftdichtigkeit der thermischen Gebäudehülle muss mit einer eingeschränkten Behaglichkeit aufgrund von Zugluft, einem hohen Lüftungswärmeverlust und/oder mit einer Schädigung der Bausubstanz aufgrund eines konvektiven Feuchteeintrags gerechnet werden.
Bei der Luftdichtheit bedarf es im Grundsatz keines Risikomanagements, denn bei einer unzureichenden Luftdichte sind die vorgenannten Folgen bereits programmiert. Es bedarf daher einer ausreichend qualifizierten Planung und Ausführung und somit auch einer planungs- und ausführungsorientierten Qualitätssicherung.
Im Bereich der Ausführung kann sicherlich die Luftdichtigkeitsmessung respektive die sogenannte Blower-Door-Prüfung zur ausführungsorientierten Qualitätssicherung aufgeführt werden.

2.2 Luftdichtigkeitsmessung

Bei einer Luftdichtigkeitsmessung wird im Unter-/Überdruckverfahren (Differenzdruckverfahren) die Luftdichtigkeit der thermischen Gebäudehülle am Bauwerk geprüft. Die erforderlichen Druckdifferenzen bei den einzelnen Messungen richten sich einerseits nach der natürlichen Druckdifferenz (ein Vielfaches bildet den kleinsten Prüfwert) und andererseits nach der bautechnischen Ausgangslage (größter Prüfwert nach Art der Luftdichtigkeitsschicht, jedoch mindestens 50 Pa).

Je nach Situation und Zeitpunkt der Messungen muss das geeignete Prüfungsverfahren angewendet werden. Ebenfalls muss in Abhängigkeit der anzuwendenden normativen Grundlagen zwischen den Herleitungs- und Berechnungsverfahren differenziert werden.
In der Schweiz erfolgt die Prüfung nach [1] und [2]. International gelten sicherlich [3] und [4].
Luftdichtigkeitsmessungen sollten nur durch ausgewiesene Fachpersonen mit bautechnischen und bauphysikalischen Fachkompetenzen ausgeführt werden. Die Interpretation von Messwerten bedarf dieser Fachkompetenzen, damit keine Fehlableitungen getroffen werden.
Diese Fachkompetenzen sind jedoch nicht nur bei der Beurteilung eventueller Maßnahmen aufgrund der Messresultate notwendig, sondern bereits bei der Vorbereitung und Durchführung der Messungen. Je nach Situation muss nicht nur zwischen den anzuwendenden Verfahren (je nach Zweck der Prüfung), sondern auch in Bezug der erforderlichen Gerätschaften (z. B. zu prüfendes Volumen) oder konstruktiven Ausbildungen am Bauwerk unterschieden werden.
Je nach Verfahren ist auch zu unterschiedlichen Zeitpunkten (Bauwerkserstellung oder Nutzungszustand) zu messen. Im Sinne der ausführungsorientierten Qualitätssicherung erfolgt sicherlich eine Messung nach der vollständigen Montage aller Bestandteile der Luftdichtigkeitsschicht (Fläche, An- und Abschlüsse sowie Durchdringungen inkl. mechanischer Sicherung) und vor der Verkleidung respektive Überarbeitung dieser.
Üblicherweise erfolgt eine Prüfung der thermischen Gebäudehülle. Sind innerhalb dieser unterschiedliche Nutzungseinheiten gegeben, so müssen auch die trennenden Bauteile gemessen werden, da jede Nutzungseinheit in sich als geschlossene Einheit zu betrachten ist und luftdicht sein muss.
Gemessen wird mit einer kalibrierten und zertifizierten Messeinheit.

Bild 1 Ansicht einer Luftdichtheitsmessung im Nutzungszustand [Quelle: fhnw.ch und ingbp.ch]

Die Anforderungen an die Luftdichtheit richten sich nach anzuwendender Normierung. Diese sind in [1], [2], [3] und [4] zu finden. Grundsätzlich kann jedoch festgehalten werden, dass nachfolgende Anforderungen einzuhalten sind:

- Anforderungen aus dem Luftdichtigkeitskonzept,
- Anforderungen aus dem Energiegesetz in Bezug auf die Lüftungswärmeverluste,
- keine eingeschränkte Behaglichkeit aufgrund von Zugluft in der Nutzung,
- keine eingeschränkte Behaglichkeit aufgrund von Geruchübertragungen in der Nutzung,
- keine Schimmel- und Kondensatfeuchteschäden in und auf den Bauteilen aufgrund konvektiver Feuchteeinträge.

3 Leckageortung

3.1 Allgemeines

Mithilfe der Luftdichtigkeitsmessungen können Schwachstellen in der Luftdichtigkeitsebene nachgewiesen, jedoch nicht sichtbar gemacht werden. Hierzu bedarf es Zusatzmaßnahmen, die als Leckageortung bezeichnet werden.

3.2 Bauthermografie

Die einfachste Art der Leckageortung in den Wintermonaten ist sicherlich die Verwendung einer bauthermografischen Kamera. Speziell bei der Unterdruckmessung kann die einströmende kalte Außenluft sichtbar gemacht werden.
Idealerweise erfolgt eine Innenaufnahme ohne Unterdruck gefolgt von einer Innenaufnahme bei konstantem Unterdruck von 50 Pa. Die bildliche Differenzierung zeigt die einströmende Außenluft, womit zwischen Wärmebrücke und unzureichender Luftdichte unterschieden werden kann.

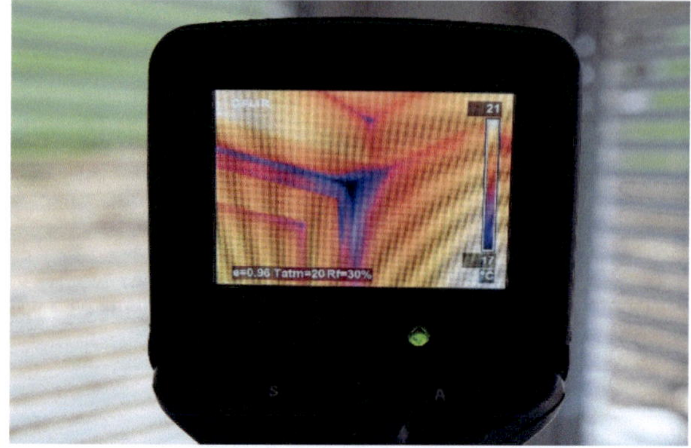

Bild 2 Bauthermografische Ansicht einer Leckage bei einer Eckausbildung [Quelle: fhnw.ch und ingbp.ch]

3.3 Rauchspender

Alternativ können Luftdurchlässigkeiten ebenfalls mit einem Rauchspender ermittelt werden. Dies bedingt jedoch die Zugänglichkeit zu allen Partien der Luftdichtigkeitsebene, was bei hohen Räumen etwas aufwendig wird. Der Vorteil dieser Art der Leckageortung liegt jedoch in der Jahreszeit, da diese Variante auch bei ausbleibender Temperaturdifferenz zwischen dem Innen- und Außenraum möglich ist.

Bild 3 Rauchverwirbelung bei einer Luftdurchlässigkeit [Quelle: fhnw.ch und ingbp.ch]

4 Luftdichte im projektspezifischen Qualitätsmanagement (PQM)

4.1 Allgemeines

Die Messung der Luftdichte kann und soll einen Bestandteil der ausführungsorientierten Qualitätssicherung darstellen. Es ist jedoch zu berücksichtigen, dass es sich hierbei nur um einen Punkt eines umfassenden projektspezifischen Qualitätsmanagements handelt und dieser nur funktioniert, wenn diesem ein Anforderungs- und Risikomanagement mit entsprechenden Qualitätslenkungsmaßnahmen zugrunde liegt. Das heißt, dass auch für die Messauswertung objektspezifische Kriterien mit definierten Toleranzen zur Beurteilung der Messresultate vorliegen müssen. Ohne diese eindeutigen Definitionen, die in eine QM-Vereinbarung einfließen müssen und in einem QM-Plan festgehalten werden, kann kein Prüf- und Kontrollplan erstellt werden.

4.2 Mehrwert der Messungen der Luftdichte

Der Mehrwert einer sogenannten Blower-Door-Messung liegt auf der Hand. Mit Erkenntnissen aus den Messwerten zur effektiven Luftdichte der Luftdichtigkeitsebene und einer parallel durchgeführten Leckageortung können Schwachstellen respektive Luftdurchlässigkeiten identifiziert, bewertet und somit klassifiziert werden.

Wird dies zum richtigen Zeitpunkt der Ausführung getätigt, kann die Messung der ausführungsorientierten Qualitätssicherung zugeteilt und die erforderlichen Maßnahmen zur Bewältigung der Problematik definiert werden. Aufgrund des umfangreichen Ausmaßes einer Schädigung sind die festgestellten Schwachstellen zu eliminieren, und zwar bevor die raumseitigen Verkleidungen montiert werden.

4.3 Minderwert der Messungen der Luftdichte

Die Praxis zeigt, dass die Mehrheit der Blower-Door-Messungen einen Bestandteil eines Projektbezogenen Qualitätsmanagements (PQM) darstellen und somit einen Beitrag zur Schadenseliminierung oder zumindest das Risiko eines Schadenseintritts mindern.

Trotzdem sind immer wieder Beispiele zu finden, bei denen trotz umfangreicher Messungen eine eingeschränkte thermische Behaglichkeit aus Zugluft oder sogar Schäden resultiert. Das nachfolgende Beispiel zeigt dies exemplarisch.

Die Wohnüberbauung in Basel besteht aus Reihen- und Mehrfamilienhäusern in einer Holzrahmenbauweise. Die Luftdichtigkeitsschicht wurde in Form einer Folie zwischen der Rahmen- und Tragkonstruktion in Massivholz und der raumseitigen Verkleideplatten (OSB und GFP) ausgeführt, die mit einem Innenputzsystem versehen wurde. Auf eine raumseitige Installationsebene mit Beplankung wurde aus Kostengründen verzichtet.

Die elektrische Installation wurde mehrheitlich an den Innenwänden verlegt. Einzelne Außenwände wurde jedoch u. a. mit Einbausteckdosen versehen, die nachweislich nicht als luftdicht bezeichnet werden konnten. Aufgrund der kleinen Leckageflächen im Mittel von 0,0025 % der gesamten Gebäudehüllfläche bei den jeweiligen Liegenschaften (es wurden 43 Liegenschaften geprüft) konnte der Zielwert für Luftdichte der Gebäude deutlich unterschritten werden. Auf eine Leckageortung wurde verzichtet, wodurch auch die punktuellen Luftdurchlässigkeiten bei den elektrischen Steckdosen bei der Prüfung nicht sichtbar wurden.

»Sichtbar« wurden die Luftdurchlässigkeiten erst nach Bezug der Liegenschaften, weil Nachprüfungen aufgrund von Zugluftklagen seitens der Eigentümer bei der Generalunternehmerin eingefordert wurden.

5 Fazit

Die Prüfung der Luftdichte mit einem sogenannten Blower-Door-Test kann im Sinne der ausführungsorientierten Qualitätssicherung viele Schwachstellen im Bereich der zwingend erforderlichen Luftdichtigkeitsschicht bei der Bauwerkerstellung aufzeigen. Damit auch kleine Schwachstellen, die zu einer eingeschränkten Behaglichkeit aufgrund von Zugluft oder Geruch sowie einer substanziellen Schädigung aufgrund von Schimmel oder Kondensatfeuchte sichtbar gemacht werden können, sollte parallel zur Prüfung der Luftdichte eine Leckageortung durchgeführt werden. Idealerweise erfolgt diese mithilfe einer bauthermografischen Kamera.

Gekoppelte Prüfungen sind somit ein Indiz für eine gute Bauausführung; sie sind aber kein Indiz dafür, dass ein mangel- bzw. schadenfreier Bau vorhanden ist.

6 Literatur

[1] SIA Norm 180/2014 Wärmeschutz, Feuchteschutz und Raumklima in Gebäuden

[2] Richtlinie Luftdichtigkeit bei Minergiebauten (RiLuMi), Basel: Verein Minergie/Thermografie- und Blower-Door Verband Schweiz, Version 2020.1

[3] DIN EN ISO 9972:2018-12 Wärmetechnisches Verhalten von Gebäuden – Bestimmung der Luftdurchlässigkeit von Gebäuden – Differenzdruckverfahren

[4] DIN EN 13829:2001-02 Wärmetechnisches Verhalten von Gebäuden – Bestimmung der Luftdurchlässigkeit von Gebäuden – Differenzdruckverfahren [zurückgezogen]

Der Autor

Prof. Roger Blaser Zürcher

- Dipl. Arch., Dipl. Baul., Bauphys. M.BP
- Ingenieurgesellschaft für Bauschadensanalytik und Bauphysik mbH
  CH-3629 Kiesen
- Fachhochschule Nordwestschweiz
  Hochschule für Architektur, Bau und Geomatik
  Institut Nachhaltigkeit und Energie am Bau
  CH-4123 Muttenz

Klartext: Warum braucht der Trockenbau offene Lösungen? – Eine Bewertung

Technische Richtigkeit versus Bauordnungsrecht und Baukosten

Thomas Schmid

Kurzfassung: In der Trockenbaubranche in Deutschland können Bauteile mit Brandschutzanforderungen auf unterschiedlicher rechtlicher Grundlage erstellt werden. Verschiedene Marktteilnehmer haben hier auch verschiedene Ansichten und Interessen. Die Auswirkungen in Bezug auf die Minimierung von logistischem Aufwand, die Fehlervermeidung bei der Herstellung der Bauteile und nicht zuletzt auch auf die Erträge der Teilnehmer an der Wertschöpfungskette sind enorm. Je nach Interessenlage überwiegen Argumente mehr oder weniger. Mit diesem Vortrag ist keine abschließende Feststellung verbunden. Der Referent nimmt für sich in Anspruch, eine Bewertung vorzunehmen.

Schlagwörter: Normung; allgemein bauaufsichtliches Prüfzeugnis; Marktmechanismen

1 Status quo

Dieser Vortrag befasst sich mit den Gegebenheiten, die in Deutschland in der Normung bei DIN (Deutsches Institut für Normung) und bei der Erteilung von allgemeinen bauaufsichtlichen Prüfzeugnissen (Bauartgenehmigungen) gegenständlich sind.

Gemäß den Anforderungen an den Brandschutz bei Bauteilen im Trockenbau sind diese nach bestimmten Vorgaben zu erstellen.

Diese Vorgaben sind zum einen in der DIN-Norm enthalten. DIN 4102-4 »Brandverhalten von Baustoffen und Bauteilen, Teil 4: Zusammenstellung und Anwendung klassifizierter Baustoffe, Bauteile und Sonderbauteile« enthält u. a. für Wände aus Gipsplattenbeplankung sowie Unterdecken mit Gipsplattenbeplankung Beschreibungen und Tabellen, welche Bestandteile diese Bauteile haben müssen und wie sie aufzubauen sind.

Des Weiteren erlässt das Deutsche Institut für Bautechnik (DIBt) die Muster-Verwaltungsvorschrift Technische Baubestimmungen (MVV TB), die in den einzelnen Bundesländern nach Landesrecht umgesetzt wird. Aufgrund dieser Bestimmung können vom DIBt akkreditierte Prüfinstitute dann allgemein bauaufsichtliche Prüfzeugnisse erteilen.

2 Normung

Die momentan gültige Ausgabe vorgenannter Norm DIN 4102-4 datiert von Mai 2016. Die Vorausgabe datierte aus 1984. Da es, im Zuge der Überarbeitung und der Einspruchsbearbeitung Anfang der 2010er-Jahre, im Normungsgremium keine Einigung gab, in welcher Form und mit welcher Brandschutzanforderung Bauteile in der Norm geändert werden sollen, wurden die Konstruktionen aus der Vorgängerausgabe von 1984 unverändert übernommen.

Tabelle 10.2 — Mindestbeplankungsdicken nichttragender, 1- oder 2-schaliger Wände aus Feuerschutzplatten GKF nach DIN 18180 mit Ständern und/oder Riegeln aus Stahlblechprofilen sowie Angaben zur Dämmschicht

Zeile	Konstruktionsmerkmale 1-schalige Ausführung 2-schalige Ausführung	Feuerwiderstandsklasse-Benennung				
		F 30-A	F 60-A	F 90-A	F 120-A	F 180-A
1	Mindestbeplankungsdicke d in mm	12,5[a]	2 × 12,5[b]	15 + 12,5	2 × 18[c]	—
2	Mindestdämmschichtdicke D in mm/Mindestrohdichte ρ in kg/m³ bei Verwendung einer Dämmschicht nach 10.2.4	40/30	40/40	40/40	40/40	—
3	**oder alternativ** zu den Zeilen 1 und 2 für ≥ F 90-A					
4	Mindestbeplankungsdicke d in mm			2 × 12,5[b]	2 × 15	3 × 12,5[d]
5	Mindestdämmschichtdicke D in mm/Mindestrohdichte ρ in kg/m³ bei Verwendung einer Dämmschicht nach 10.2.4			80/30 oder 60/50 oder 40/100	80/50 oder 60/100	80/50 oder 60/100

[a] Alternativ auch 18 mm GKB oder ≥ 2 × 9,5 mm GKB
[b] Alternativ auch 25 mm
[c] Alternativ auch 3 × 12,5 mm oder 25 mm + 12,5 mm
[d] Alternativ auch 25 mm + 12,5 mm

Bild 1 DIN 4102-4: Bauteil Metallständerwand

Vorstehende Tabelle für Metallständerwände enthält somit weder eine der seit mindestens zwei Jahrzehnten bekannten, praktizierten und bewährten Ausführungen zu F-30-A-Wänden (Beplankung: 2 × 12,5 mm Gipskarton-Feuerschutzplatten je Seite) noch eine wirtschaftliche F-90-A-Wand mit normaler Mineralwolle (Schmelzpunkt <1000 °C).

Wird nun parallel auch die Situation bei den Unterdecken betrachtet, so fällt eklatant auf, dass es normativ keine selbstständige Unterdecke gibt, die den F 90-A-Anforderungen entspricht. Aber gerade diese Unterdecken werden in täglicher Anwendung bei den Bauvorhaben gebraucht.

Tabelle 10.33 — Unterdecken aus Feuerschutzplatten (GKF) nach DIN 18180 mit geschlossener Fläche, die bei Brandbeanspruchung von unten allein einer Feuerwiderstandsklasse angehören

Maße in Millimeter

Legende
1 Massivwand
2 Trennstreifen
3 GKB- oder GKF-Streifen
4 GKF-Platten
5 Abhänger (Schema)
6 Grundprofile aus Stahlblech oder Grundlattung
7 Tragprofile aus Stahlblech oder Traglattung
8 Fugenverspachtelung und Befestigung jeder Lage nach DIN 18181
9 UD 30 nach DIN 18182-1

Quer- und Längsfugen versetzt

Zeile	Zulässige Spannweite der Grund- und Tragprofile bzw. der Grund- und Traglattung l_1	Zulässige Spannweite der Feuerschutzplatten (GKF) nach DIN 18180 mit geschlossener Fläche l_2	Mindest-GKF-Plattendicke bei Verwendung von Grund- und Traglattung aus Holz d_1	d_2	Mindest-GKF-Plattendicke bei Verwendung von Grund- und Tragprofilen aus Stahlblech d_1	d_2	Feuerwiderstandsklasse-Benennung
1	1 000	500	12,5	12,5			F 30-B
2	1 000	500			12,5	12,5	F 30-A
3	1 000	400	18	15			F 60-B
4	1 000	400			18	15	F 60-A

Bild 2 DIN 4102-4: Bauteil selbstständige Unterdecke

Nachfolgend zur Ausgabe 2016 der Norm hat sich das Normungsgremium bei DIN verständigt, dass in einer sogenannten A1-Version innerhalb eines Jahres für den Trockenbau aktuelle Konstruktionen aufgenommen werden. Leider konnte auch bis heute, sechs Jahre später, keine Einigung erzielt werden, sodass vorstehende Angaben bis heute normativ sind. Was jedoch der große, ja man könnte auch sagen unschlagbare Vorteil dieser Norm ist: Es dürfen die Komponenten der Bauteile, also Profile, Gipsplatten, Dämmung, Schrauben, Dübel, Spachtel gleich welchen Herstellers verwendet und auch gemischt werden. Insofern ist die Norm eine der offenen Lösungen.

3 Allgemein bauaufsichtliches Prüfzeugnis

Wie vorstehend ausgeführt bedürfen Prüfstellen für die Erteilung allgemeiner bauaufsichtlicher Prüfzeugnisse für Bauarten entsprechend MVV TB Kapitel C4 einer Anerkennung ihrer jeweiligen obersten Baubehörden in den einzelnen Bundesländern.

Die aufgrund dieser Befugnisse ausgestellten allgemeinen bauaufsichtlichen Prüfzeugnisse sind in der Bau- und insbesondere in der Trockenbaubranche vielfältig bekannt. Diese Prüfzeugnisse haben im Allgemeinen eine auf fünf Jahre befristete Gültigkeit, können danach jedoch auf Antrag eventuell auch verlängert werden.

Allgemeines bauaufsichtliches Prüfzeugnis
Nr. P-SAC02/III-681

vom 7. Juni 2019

1. Ausfertigung

Gegenstand: Bauart zur Errichtung von nichttragenden, raumabschließenden Wandkonstruktionen in Metallständerbauweise mit beidseitiger, symmetrischer Bekleidung aus Gips-Feuerschutzplatten mit bzw. ohne Dämmung der Feuerwiderstandsklasse F30, F60, F90 bzw. F120 bei einseitiger Brandbeanspruchung gemäß DIN 4102-2: 1977-09 [1].

entsprechend Hessische Verwaltungsvorschrift Technische Baubestimmungen (H-VV TB) Teil C4, lfd. Nr. C 4.2 des Landes Hessen vom 13. Juni 2018 – Bauarten zur Errichtung von nichttragenden inneren Trennwänden, an die Anforderungen an die Feuerwiderstandsdauer gestellt werden.

Antragsteller: Etex Building Performance GmbH
Geschäftsbereich Siniat
Frankfurter Landstraße 2-4
61440 Oberursel

Geltungsdauer bis: 06. Juni 2024

Bearbeiter: Dipl.-Ing. H. Fischkandl

Aufgrund dieses allgemeinen bauaufsichtlichen Prüfzeugnisses ist der oben genannte Gegenstand nach den Landesbauordnungen anwendbar.

Dieses allgemeine bauaufsichtliche Prüfzeugnis ersetzt das allgemeine bauaufsichtliche Prüfzeugnis P-SAC 02/III-681Ä vom 18. April 2016.

Dieses allgemeine bauaufsichtliche Prüfzeugnis ist erstmals am 7. Juni 2014 ausgestellt worden.

Bild 3 Prüfzeugnis der Firma Etex: Wände

Die allgemeinen bauaufsichtlichen Prüfzeugnisse werden üblicherweise auf Antrag eines Baustoffherstellers erteilt. Nun liegt es in der Natur der Sache, dass jeder Baustoffhersteller als Hauptinteresse die

Verwendung seiner eigenen Baustoffe bei der Erstellung der Bauteile verfolgt. Daraus ergibt sich, dass in den Prüfzeugnissen bei der Nennung der zu verwendenden Materialien diese oftmals mit dem Firmennamen versehen sind, wie zum Beispiel »Siniat Gips-Feuerschutzplatte«.

Somit ist es eindeutig, dass der Verwender dieses allgemeinen bauaufsichtlichen Prüfzeugnisses genau diese Materialien einsetzen muss. Nach Herstellung des Bauteils muss der Verwender dem Auftraggeber eine Übereinstimmungserklärung übergeben, dass er das Bauteil exakt nach diesem Prüfzeugnis erstellt hat.

Insofern sind allgemeine bauaufsichtliche Prüfzeugnisse keine offenen Lösungen, sondern im besten Fall halb offene Systeme (bei exakter Vorgabe eines Baustoffs) oder sogar geschlossene Systeme.

Ein Abweichen vom Prüfzeugnis hat zur Folge, dass gegen öffentliches Baurecht verstoßen wird mit allen sich daraus ergebenden Konsequenzen.

4 Weshalb braucht es offene Lösungen?

In den Sitzungen der Normungsgremien gelten strenge Compliance-Vorschriften. Jegliche Diskussion über wirtschaftliche Zusammenhänge, Abhängigkeiten, Kosten der Erstellung von Bauteilen führen unweigerlich zum Abbruch der Sitzungen.

Dennoch lohnt sich eine Betrachtung der wirtschaftlichen Auswirkungen bei Anwendung von Normen oder von halb offenen bzw. geschlossenen Systemen in der Wertschöpfungskette.

Wird die Verteilung der Baukosten der Jahre 2000 und 2014 verglichen, so gewinnt der Ausbaubereich zulasten des Rohbaus knapp 8 %.

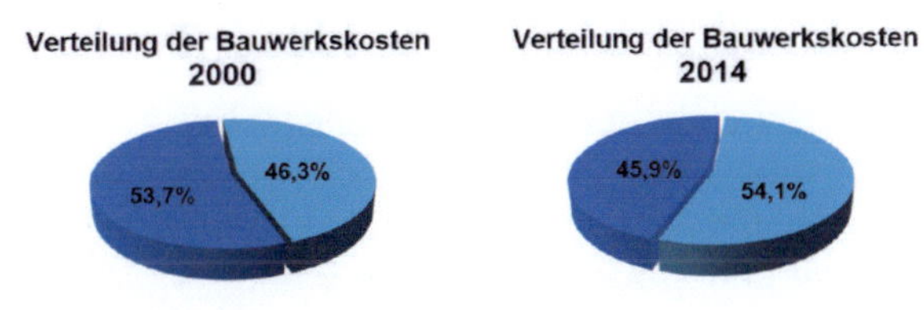

Bild 4 Vergleich der Baukosten der Jahre 2000 und 2014

Gewinner hierbei ist jedoch nicht der Trockenbau, sondern die technischen Gewerke Sanitär- und Heizungsinstallation sowie Be- und Entlüftung mit Klimatechnik.

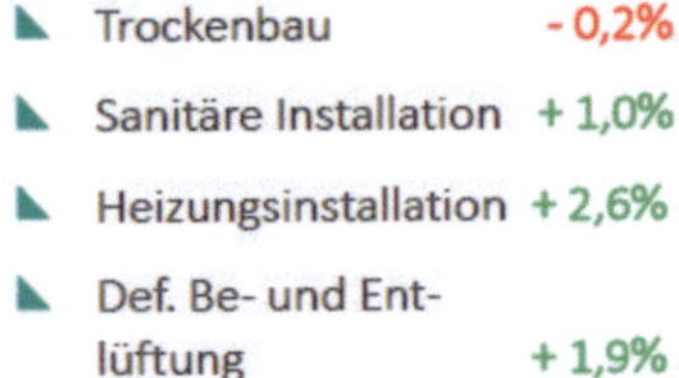

Wer ist nun Teil der Wertschöpfungskette? Hier gibt es drei Partner in der Prozesskette Bau:

- Herstellende Industrie
- Fachhandel
- Fachunternehmer

Hier lohnt es sich, die Motive einzelner Partner dieser Prozesskette zu beleuchten. Die herstellende Industrie möchte günstig produzieren, ihre Produkte sollen ein »USP« besitzen, also unvergleichbar sein, sie wollen zügig liefern bei geringen Logistikkosten.

Der Fachhandel möchte vor allem die richtigen Produkte liefern, eine wirtschaftliche und technisch richtige Nachlieferung an das Bauvorhaben soll möglich sein, dies alles bei Optimierung des Lagervolumens (maximal Produkte von zwei Herstellern bevorraten) und Optimierung der Logistikkosten.

Das Ansinnen der Fachunternehmer ist natürlich, richtig zu bauen (denn nur sie müssen die Abnahme des Auftraggebers bestehen) – in Anbetracht vorstehender Ausführungen zu den Grundlagen nach welchen sie ihre Bauteile errichten; dies alles trotz differenzierter Nachunternehmerstrukturen. Das Material, also die Baustoffe müssen verfügbar sein, insbesondere bei Nachlieferungen muss Materialgleichheit und -verfügbarkeit gewährleistet sein. Bei den Logistikkosten schließt sich der Kreis zu den beiden anderen Partnern der Wertschöpfungskette.

Eine Betrachtung der Vor- und Nachteile von offenen Lösungen und (halb offenen) geschlossenen Systemen kann nachfolgend festgestellt werden:

Geschlossene Systeme

Vorteile:
- Haftungssicherheit (?)
- Akzeptanz (?)
- ein Ansprechpartner bei der Industrie
- technisch gute Werte

Nachteile:
- Alle Einzelteile müssen lieferbar und eingebaut sein; ein einziges Produkt, das nicht nach abP eingebaut wird, führt zu Verlust der Haftung.
- Wer versteht die abPs und hat einen Überblick?
- Lagerkapazitäten
- Restmengen
- Haftungssicherheit
- Produkteingangskontrolle am Bauvorhaben!!

Offene Lösung

Vorteile:
- Bauen nach anerkannten Regeln der Technik
- nicht unzählige abPs für eine Wandkonstruktion
- Restmengen für andere Baustellen nutzbar
- geringer Logistikaufwand
- hohe Flexibilität bei Nachlieferung
- offene Systeme passend

Nachteile:
- beim ersten Mal erklärungsbedürftig
- Bekanntheit bei Auftraggebern
- Fehlende Akzeptanz bei Anwendern

Festzustellen ist, dass die herstellende Industrie mit der Marktdurchdringung ihrer Architekten und technischen Berater seit über zwei Jahrzehnten der Branche den Stempel aufgedrückt hat, nur Bauausführungen mit allgemein bauaufsichtlichen Prüfzeugnissen seien das Maß aller Dinge. Doch ist zum Beispiel bei Nachlieferungen von Material an ein Bauvorhaben in der Praxis sehr häufig festzustellen, dass abweichende Bauprodukte geliefert werden, die dann nicht zum angewandten Prüfzeugnis passen – mit allen vorstehend beschriebenen Folgen. Dieser Punkt wäre bei Anwendung offener Lösungen irrelevant.

Die Wertschöpfungskette hat somit nicht nur monetäre Aspekte, sondern muss auch die Fehlervermeidung innerhalb der Kette gewährleisten. Je weniger »Angriffspunkte« hier gegenständlich sind, desto weniger Fehler passieren.

Dass die Anwendung von halb offenen und geschlossenen Systemen auf den Baustellen zu richtig gravierenden Schwierigkeiten führen kann, wird plakativ am Beispiel einer F-90-Schachtwand deutlich. Hier gibt es keine normativen Inhalte, sodass dieses Bauteil nur mit einem allgemeinen bauaufsichtlichen Prüfzeugnis erstellt werden kann. Nachfolgend wird deutlich, welch unterschiedliche Vorgaben hier anzutreffen sind:

Produkt	Hersteller A	Hersteller B	Hersteller C
Gipsplatte	vorgegeben	vorgegeben	
Profile	vorgegeben		vorgegeben
Schrauben	vorgegeben		
Spachtel	vorgegeben		

Produkt	Hersteller A	Hersteller B	Hersteller C
Profile	CW 75	CW 50	CW 50-150
	2 * CW 50		doppelt
	≤ 625 mm	≤ 1000 mm	≤ 625 mm
Dämmung	vorgegeben	ohne	ohne
Schrauben			
1. Lage	75 cm	28 cm	70 cm
2. Lage	25 cm	19 cm	25 cm

Nochmals klar herausgestellt: Bei allen drei angegebenen Herstellern wird das gleiche Bauteil F-90-Schachtwand erstellt. Dass teils gleiche Bauprodukte gravierend unterschiedlich einzubauen sind, ist den Monteuren auf den Baustellen oftmals gar nicht bekannt. Man ist versucht, zu sagen: »Fehler sind hier systemimmanent.«

5 Versuch einer Verbesserung

Im Jahr 2016, also zum Zeitpunkt als die Norm DIN 4102-4 ohne Veränderung der 32 Jahre alten Trockenbaukonstruktionen neu verabschiedet wurde, haben sich der deutsche Baustoffhandel, die Verbände der Fachunternehmen sowie viele Firmen der systemunabhängigen herstellenden Industrie zusammengetan und den Verein »WIR für Ausbau und Trockenbau« gegründet. Ziel war und ist es, Grundlagen zu erarbeiten, dass Trockenbaunormung breiter aufgestellt wird, dass das Bewusstsein für Trockenbau in der Branche gestärkt und der Trockenbau höhere Anerkennung erfährt. Endlich hatten sich Vertreter der Wertschöpfungskette verständigt, an einem Strang zu ziehen. Dass dies vom Oligopol der Gipsplattenhersteller bis heute argwöhnisch betrachtet wird, war zu erwarten.

Zum Nachweis, dass offene Lösungen, insbesondere auch unter wirtschaftlichen Gesichtspunkten, funktionieren und anwendbar sind, hat der Verein WIR für Ausbau und Trockenbau eigene Brand-, Schall- und Standsicherheitsprüfungen durchgeführt.

Das Ergebnis mündete in der Erstellung von zwei allgemein bauaufsichtlichen Prüfzeugnissen nämlich
- F 90 Metallständerwand,
- F 90 selbstständige Unterdecke bei Brandbeanspruchung von unten.

Ein weiteres Prüfzeugnis wird in 2022 erwartet (alle Brandprüfungen sind hierfür erfolgreich bestanden) für

- F 30 freigespannte Decke bis 2,20 m bei Brandbeanspruchung von unten und oben.

Der Verein WIR stellt diese Prüfzeugnisse der Branche kostenfrei zur Verfügung. Unter www.wir-für-ausbau.de sind die Prüfzeugnisse abrufbar.

6 Fazit

Geschlossene Systeme sind eine Option, die ihre Berechtigung bei ausgefallenen, technisch schwierigen Anwendungen besitzt.

Offene Lösungen sind eine Chance bei allen täglich anzuwendenden Ausführungen an den Baustellen.

Es werden offene Lösungen gebraucht, weil alle in der Wertschöpfungskette davon profitieren:

- Standardanwendungen sicher
- täglich anwendbare Konstruktionen
- Ausführungssicherheit bei den Monteuren
- Fehlervermeidung bei Nachlieferung

- geringerer Aufwand bei Planung der Ausführung
- geringerer Logistikaufwand
- keine Unterbrechung der Ausführung

Wertschöpfung wird realisiert und nicht kannibalisiert!

7 Literaturreferenzen

- DIN 4102-4:2016-05 Brandverhalten von Baustoffen und Bauteilen – Teil 4: Zusammenstellung und Anwendung klassifizierter Baustoffe, Bauteile und Sonderbauteile
- WIR für Ausbau und Trockenbau e. V., Berlin Allgemein bauaufsichtliche Prüfzeugnisse

Der Autor

Thomas Schmid

- Stuckateurmeister, Dipl.-Ing. (FH)
- öffentlich bestellter und vereidigter (ö.b.u.v.) Sachverständiger Stuckateurhandwerk
- Obmann für ATV DIN 18340 Trockenbauarbeiten
- Mitglied im DIN NABau u. a. für DIN 4102-4 »Brandverhalten von Baustoffen und Bauteilen«
- stellv. Vorsitzender WIR für Ausbau und Trockenbau, www.wir-für-ausbau.de
- Ingenieurbüro für Ausbau und Fassade
D-76532 Baden-Baden
E-Mail: info@ts-d.eu

Bauforensik

Verborgenes sichtbar machen

Paul Michael Böhm

Abstract: Die Bauforensik, eigentlich die optische Bauforensik befasst sich mit der Spurensuche von Schäden an Bauwerken, die durch biologischen oder mikrobiologischen Bewuchs, handwerkliche Fehler oder vorsätzlich verursacht wurden und dem menschlichen Auge im normalen Wellenlängenspektrum des Lichts verborgen bleiben. Um diese Schäden sichtbar zu machen, werden leistungsstarke Forensiklampen, die in bestimmten Wellenlängenspektren leuchten, eingesetzt.
Im Vortrag wird darauf eingegangen, welche Voraussetzungen für derartige Untersuchungen beachtet werden müssen, welche Ausrüstung dafür nötig ist und welche Ergebnisse Anwenderinnen und Anwender erwarten können.

1 Biologische Spuren am Bau

Mithilfe der optischen Bauforensik können Eiweißverbindung und andere biologische Spuren nachgewiesen werden. Diese im normalen Lichtspektrum nicht oder kaum sichtbaren Spuren werden mit einer kurzwelligen Lichtquelle, zum Beispiel: einem 365-nm-Strahler (UV-Licht) angestrahlt. Aufgrund der Anregung dieser Spuren entsteht Fluoreszenz, die in der Regel biologischen Ursprungs ist.

Bild 1 »Sauberes« Badezimmer im normalen, sichtbaren Lichtspektrum

Bild 2 Badezimmer unter dem Eindruck einer 365-nm-Lichtquelle: Verunreinigungen durch Körperflüssigkeiten

2 Handwerkliche Spuren am Bau

Durch die Anwendung der optischen Bauforensik lassen sich aber auch Risikoabschätzungen auf Baustellen in Bezug auf das Gesundheitsrisiko für Mitarbeiterinnen und Mitarbeiter, aber auch in Bezug auf die bauliche Ausgangslage vor Sanierungen oder dem Investitionsrisiko beim Kauf einer Immobilie treffen. Die folgenden Aufnahmen zeigen, wie sich ein harmloser Wasserfleck als ein für den Sanierer vor Ort gesundheitsbedenklichen Urinfleck einer Rattenkolonie entpuppte.

Bild 3 »Wasserfleck« im normalen, sichtbaren Lichtspektrum

Bild 4 Der »Wasserfleck« entpuppte sich als Urinfleck einer Rattenfamilie, die einen Wasserschaden an einer Kondensatleitung verursachte. Urin fluoresziert in den Farben blau bis gelb, je nachdem wie alt die Hinterlassenschaft ist.

3 Voraussetzungen für die optische Bauforensik

Die Intensität der Fluoreszenz von Spuren ist direkt proportional zur Intensität des Erregerlichts und dem Vorhandensein von Falschlicht wie zum Beispiel Tageslicht.

Für die Untersuchung soll es daher am Ort der Befundaufnahme so dunkel wie möglich sein und die Forensiklampen, die für die Untersuchung verwendet werden, sollten so leistungsstark wie nur möglich sein.

Um diese Technik vernünftig anwenden zu können, ist es aus Sicht des Autors unumgänglich, sich die Grundlagen im Zuge eines Lehrgangs zur optischen Bauforensik anzueignen.

Bild 5 Lehrgang des Bundesverbandes für Schimmelsanierung und technische Bauteiltrocknung in Bad Vöslau, Juni 2022

4 Fazit

Die optische Bauforensik entwickelt sich immer mehr zu einem unverzichtbaren Werkzeug zur Untersuchung von Bauwerken um kaschierte Bauschäden, Wasserschäden oder Schäden durch mikrobiologisches Wachstum, zum Beispiel durch nicht pigmentierte Schimmelpilze oder Algenbewuchs, nachweisen zu können.

Der Autor

Paul Michael Böhm

- Ingenieur
- allgemein beeideter und gerichtlich zertifizierter (a.b.g.z.) Sachverständiger Bauwesen, Wärmetechnik, Feuchtigkeitstechnik
- abstrapic.com
  A-4850 Timelkam
  E-Mail: office@abstrapic.com
  www.abstrapic.com

Sanierputz als Allheilmittel?

Wunsch und Wirklichkeit

Hans Ettl

1 Einleitung

Die über 30-jährige Geschichte der Anwendung von Sanierputzen hat Fachkolleginnen und -kollegen zu einer rückblickenden Betrachtung dieser Instandsetzungsmethode bei feuchtem und/oder salzhaltigem Mauerwerk veranlasst [1]. Dabei werden die Vorteile, aber auch die Grenzen dieses Putzsystems deutlich gemacht. Betrachtet man aber die gesamten Veröffentlichungen zu diesem Themenkomplex seit Einführung dieser Putze, so vertritt doch die überwiegende Mehrheit der Autorinnen und Autoren eine fast durchweg positive Einschätzung dieser Sanierungsmethode. Nur wenige Beiträge beschäftigen sich mit den Grenzen bzw. der Untauglichkeit von Sanierputzsystemen im praktischen Einsatz ([2], [3], [4], [5]).

Im Rahmen der eigenen, knapp 30-jährigen Gutachtertätigkeit bei der Instandsetzung feuchte- und salzbelasteten Mauerwerks haben wir dagegen eine deutlich stärkere Häufung von Schadensfällen bei der Anwendung von Sanierputzen festgestellt. Ein aktueller Fall, bei dem wir uns auch vor Gericht für die Empfehlung eines Sanierputzsystems rechtfertigen müssen, war der Anlass zu der folgenden, kritischen Auseinandersetzung mit dieser Instandsetzungsmethode.

2 Regelung der Anwendung von Sanierputzsystemen

Die Anwendung von Sanierputzsystemen wird im aktuellen WTA-Merkblatt 2-9-20/D geregelt [6]. Dort werden neben dem Wirkprinzip und dem Einsatzbereich auch die Anforderungen bei der Planung und die Anwendungsgrenzen beschrieben. Sehr deutlich wird herausgestellt, dass Sanierputzsysteme in der Regel vor allem als flankierende Maßnahmen eingesetzt werden. Als Voraussetzung für die Anwendung werden im Merkblatt wiederholt geeignete vertikale und/oder horizontale Abdichtungs- bzw. Trocknungsmaßnahmen genannt. Zusätzlich müssen Vorkehrungen zur Vermeidung einer möglichen Taupunktunterschreitung im Putzquerschnitt und zur Stabilisierung der relativen Luftfeuchte (<70 %) während des Erhärtungszeitraums (ca. 14 Tage) getroffen werden. Weiterhin können die Putze nach [1] nicht »bei sehr hohen Salzgehalten, insbesondere Nitratsalzgehalten« eingesetzt werden. Laut aktuellem Merkblatt liegen hohe Nitratsalzbelastungen bereits bei >0,1 Masse-% vor.

Auch hohe Durchfeuchtungsgrade (»porengesättigtes Mauerwerk«) stehen der Anwendung von Sanierputzsystemen entgegen, wenn keine Abdichtungsmaßnahmen ergriffen werden.

Damit sind die Anwendungsgrenzen der Sanierputzsysteme im Merkblatt deutlich beschrieben.

Betrachtet man dagegen die Technischen Merkblätter (TM) der einschlägigen Sanierputzhersteller, so findet sich dort im Prinzip keine Einschränkung der Anwendung. Sie werden pauschal für die Sanierung auch von stark feuchte- und salzbelastetem Mauerwerk empfohlen, eine Differenzierung nach Höhe der Feuchte- und Salzbelastung erfolgt in der Regel nicht. Es fehlt generell der deutliche Hinweis darauf, dass Sanierputzsysteme flankierende Maßnahmen bei der Mauerwerksinstandsetzung darstellen und ohne Abdichtungsmaßnahmen versagen können. Manche Hersteller weisen lediglich darauf hin, dass bei geringer bis mittlerer Salzbelastung auch ein einlagiger Putzaufbau möglich ist; andere geben an, dass nur bei extrem hoher Nitrat- und Chloridbelastung und hohem Durchfeuchtungsgrad des Mauerwerks zweilagig gearbeitet werden muss.

Nahezu alle Merkblätter fordern – entsprechend dem WTA-Merkblatt – eine relative Luftfeuchte während des Erhärtungszeitraums von <70 %. Diese Forderung ist, sofern sie beim Planer bzw. bei der ausführenden Firma überhaupt Berücksichtigung findet, allenfalls in kleinen (privat genutzten) Kellerräumen zu verwirklichen. Bei offenen Großbaustellen mit vielen parallel arbeitenden Gewerken sind solche Forderungen nach unserer Erfahrung fernab der Realität. Sie dienen unseres Erachtens hauptsächlich dazu, im Schadensfall Regressansprüche der Ausführenden/Geschädigten abzuwehren.

Ein Hersteller nennt in seinem Merkblatt einen maximalen Feuchtewert für den zu verputzenden Untergrund von 6 Masse-%. Geht man von einem Ziegelmauerwerk aus (das in der Mehrzahl der Sanierungsfälle den zu verputzenden Untergrund darstellt), so bedeutet das bei einem üblichen Vollziegel mit ca. 20 Masse-% maximaler Wasseraufnahme einen Durchfeuchtungsgrad von ca. 30 %, was allenfalls eine mäßige Feuchtebelastung darstellt. Ist die Salzbelastung des Mauerwerks gleichzeitig gering, stellt sich hier die Frage nach der Sinnhaftigkeit des Einsatzes eines solch teuren Spezialputzes.

Einen breiten Raum nehmen in den TM üblicherweise die Kennwerte des Grund- bzw. Sanierputzes ein, nach denen die Zertifizierung durch die WTA erfolgt (und womit die Hersteller werben). Es bestehen unseres Erachtens wenig Zweifel, dass die gut ausgestatteten Labore der Werktrockenmörtelindustrie Putze konfigurieren können, die diese Anforderungen in den Laborprüfungen erfüllen. Vielen Planern und Ausführenden ist jedoch nicht klar, dass dies Laborwerte sind, die sich in der alltäglichen Baustellenpraxis nicht zwingend einstellen müssen und so zum Versagen der Putzsysteme führen können.

Als Zwischenfazit können wir festhalten, dass zwischen dem differenzierenden, die Anwendung einschränkenden WTA-Merkblatt und der Darstellung der pauschalen Eignung der Sanierputzsysteme in den Technischen Merkblättern der Hersteller ein starkes Missverhältnis besteht. Damit ist auch der Auffassung von Venzmer et al. in einem Beitrag im Rahmen der Hanseatischen Sanierungstage 1998, »dass der Sanierputz zu einer Wunderwaffe stilisiert worden ist, die immer und überall eingesetzt werden kann, und dieses, obwohl die erforderlichen Anwendungsvoraussetzungen gar nicht vorhanden sind« [7] auch nach nahezu 25 Jahren vollumfänglich zuzustimmen.

Erst im Schadensfall wird dann vom jeweiligen Laborleiter explizit auf die Anwendungsgrenzen verwiesen, die vorher nur verkürzt und im »Kleingedruckten« erwähnt wurden.

3 Schadensfälle bzw. praktische Grenzen der Anwendung von Sanierputzsystemen

Im Folgenden möchten wir – stellvertretend für viele – typische Schadensfälle vorstellen, die durch eine pauschale, die Randbedingungen nicht berücksichtigende Anwendung von Sanierputzen entstanden sind und die ohne zusätzliche Maßnahmen zwangsläufig zu Schäden führen müssen. Die formalen Anforderungen bei der Herstellung der Sanierputzschichten (Mindestschichtdicke etc.) sind – soweit im Nachhinein erkennbar – eingehalten worden.

3.1 Schadenskategorie »ständig hohe Luftfeuchte bzw. Tauwasser«

Viele kleine, wenig genutzte Kirchen und Kapellen besitzen keine Heizung und unterliegen damit auch im Innenraum dem Wechsel des jahreszeitlichen Klimas. Das bedeutet, dass zum Beispiel im Frühjahr bei warmer Witterung über offene Türen, Fenster und Gebäudeundichtigkeiten warmfeuchte Luft auf kaltes Sockelmauerwerk trifft und Tauwasser anfällt. Das betrifft beispielsweise eine kleine Kirche östlich von München, die vor ca. zehn Jahren im Innenbereich mit einem Sanierputz versehen wurde. Das Mauerwerk aus Kalktuff wies bei der Voruntersuchung einen Wassergehalt von 6 bis 13 Masse-% auf, was Durchfeuchtungsgrade von 55 bis 65 % bedeutete. Der Salzgehalt im Mauerwerk war baupraktisch vernachlässigbar. Bereits nach drei Jahren zeigten sich durch Algenbildung deutliche Grünfärbungen im Sockelbereich, die sich zwei Jahre später weiter verstärkt haben (Bild 1). Mittlerweile ist eine massive Verschwärzung durch Schimmelwachstum hinzugekommen (Bild 2). Die Stimmung in der Gemeinde muss angesichts der hohen Kosten der damaligen Instandsetzung nicht erläutert werden.

Bild 1 Feuchte- und Algenbildung nach fünf Jahren Standzeit des Sanierputzes

Bild 2 Zustand Anfang 2017 nach ca. zehn Jahren Standzeit des Sanierputzes

Klimamessungen zeigen, dass im Sockelbereich nahezu ganzjährig oberflächennah 100 % rel. Luftfeuchte herrschen, das heißt, auf der Putzoberfläche fällt ständig Tauwasser an. Durch die wasserabweisende Einstellung des Sanierputzes verbleibt das Wasser auf der Putzoberfläche und führt zu diesem Schadensbild.
Die Erkenntnis aus diesem Fall, der stellvertretend für viele andere steht, ist, dass ohne weitere Maßnahmen, wie zum Beispiel eine außenklimaabhängig gesteuerte Belüftung des Innenraums und/oder Sockeltemperierung, kein Sanierputzsystem bei solchen Beanspruchungen eingesetzt werden darf.

3.2 Schadenskategorie »porengesättigtes Mauerwerk«

Auch für das Verputzen von nahezu porengesättigtem Sockelmauerwerk in Kircheninnenräumen (Durchfeuchtungsgrad 80 bis 90 %) werden häufig Sanierputzsysteme empfohlen. So geschehen auch bei einer mittelgroßen Kirche in einem Ort nordöstlich von München, wo 2008 im Sockelbereich ein zweilagiger Sanierputz aufgetragen wurde. Bereits nach drei Jahren entstanden die ersten Putzschäden (Bild 3), die sich mittlerweile zu einer fast durchgängigen Schädigung der Sockelzone entwickelt haben.

Bild 3 Zustand September 2011 nach ca. drei Jahren Standzeit des Sanierputzes

Die Feuchtebelastung des Ziegelmauerwerks bewegte sich zum Zeitpunkt der Voruntersuchung (2004) zwischen 10 und 18 Masse-%, was einem Durchfeuchtungsgrad von 40 bis 90 % entspricht. Die Gesamtsalzbelastung des Ziegelmauerwerks lag durchgehend bei geringen Werten (<0,1 Masse-%).

Die Nachbeprobung 2015 zeigt, dass knapp über dem Fußboden im Sanierputz Entnahmefeuchtegehalte von 7 bis 14 Masse-% vorliegen. Als Salze wurde ausschließlich Natriumsulfat in geringen Mengen gefunden. Die Wassereindringtiefe im Putz, an mehreren Proben gemessen, bewegt sich zwischen 20 und 40 mm (WTA-Forderung: <5 mm).
Das Versagen des Sanierputzes liegt in diesem Fall in der hohen kapillaren Wasseraufnahme, die zu den oben genannten großen Eindringtiefen geführt hat. Offensichtlich konnte der Putz seine Wasserabweisung nicht oder nur unvollständig ausbilden.
Ob dafür eine zu hohe relative Luftfeuchte im Kircheninneren zum Zeitpunkt der Ausführung der Arbeiten ursächlich war, ist heute nicht mehr nachvollziehbar.
Generell erscheint eine Absenkung der relativen Luftfeuchte <70 %, wie im Merkblatt gefordert, in einer Kirche dieser Größe baupraktisch nicht durchführbar. Schadensverstärkend waren in diesem Fall zusätzlich Salze (Alkali-Sulfatverbindungen), die mit dem Bindemittel des Putzes (Zement) eingetragen wurden.
Es bleibt als allgemeine Feststellung, dass stark durchfeuchtetes Mauerwerk ohne vorherige Trocknung nicht mit einem Sanierputzsystem beschichtet werden darf. Ob eine Senkung der relativen Luft-

feuchte <70 % eine erfolgreiche Anwendung des Sanierputzes ermöglicht hätte, bleibt bis zu einer wissenschaftlichen Untersuchung des Abtrocknungsverhaltens solcher Putze auf durchfeuchtetem Mauerwerk noch offen.

3.3 Schadenskategorie »Salzhaltiges Mauerwerk«

Ein wesentlicher Einsatzbereich für Sanierputze ist entsprechend dem WTA-Merkblatt bzw. den Merkblättern der Hersteller der Verputz von »Mauerwerk mit mehr oder weniger starker Versalzung«. Baustoffschädigende Salze sollen im Putz eingelagert und somit von der Putzoberfläche ferngehalten werden.

Diverse Schadensfälle lassen aber Zweifel an diesem Funktionsprinzip aufkommen. So wurde in einer Kirche mit feuchte- und salzbelastetem Mauerwerk (Natriumchloride und Natrium- bzw. Calciumnitrate) der ca. 1 m hohe Sperrputz durch einen Sanierputz bis in ca. 1,5 bis 2,0 m Wandhöhe ersetzt. Darüber befindet sich ein freskengeschmückter Altputz. Die historischen Putze waren bereits vor der Sanierungsmaßnahme geschädigt und wurden konserviert. Lag aber früher der Austrocknungshorizont knapp über dem Sperrputz, also in ca. 1 m Wandhöhe, so hat sie sich nach Aufbringen des Sanierputzes in die Höhe des Kontaktes Sanierputz – Altputz (ca. 1,5 m Wandhöhe) verschoben. Bereits eine Standzeit von sechs Jahren hat zu einer progressiven Schädigung des Altputzes und der Malschicht geführt (Bild 4).

Bild 4 Schädigung des Altputzes mit Gemälden aus dem 14. Jahrhundert durch einen Sanierputz ca. sechs Jahre nach der Maßnahme

3.4 Schadenskategorie »Feuchtes Mauerwerk«

Der weitaus häufigste Anwendungsfall für Sanierputzsysteme ist das Verputzen von feuchtem Sockelmauerwerk mit dem Ziel, möglichst lange eine optisch einwandfreie Oberfläche zu erhalten. Ein häufiger Schadensfall tritt dabei im Übergangsbereich Sanierputz – Altputzbestand auf. Während der Sanierputz intakt erscheint oder allenfalls Malschichtverluste aufweist, zeigen sich am Kontakt Schäden im Bestandsputz (Bild 5).

Bild 5 Schädigung des Altputzes an der Grenze zum Sanierputz

Im Außenbereich wird dafür die unterschiedliche Wasseraufnahme bzw. -abgabe der beiden Putzarten bei Beregnung verantwortlich gemacht [2]. Im Innenbereich müssen andere Gründe vorliegen. Hier liegt die Ursache vermutlich in der unterschiedlichen Wassertransportleistung der beiden Putzarten. Während der Sanierputz Mauerfeuchtigkeit nur über den Weg der Wasserdampfdiffusion transportieren kann, lassen nicht hydrophobierte Putze sowohl den Diffusions- als auch den Kapillartransport zu. Die Transportleistung der kapillaren Wasserabgabe liegt aber um das ca. zehnfache höher als die Wasserabgabe über Diffusion. Mit anderen Worten: Sanierputzsysteme schränken den Trocknungsvorgang eines nassen Mauerwerks massiv ein. Laboruntersuchungen zeigen, dass ca. die zehnfache Zeit benötigt wird, um die gleichen Verdunstungsleistungen im Vergleich zu einer freien Ziegeloberfläche zu erreichen [7]. Hier besteht der berechtigte Verdacht, dass sich durch die stark reduzierte Verdunstungsleistung der erforderliche Flächenanteil für die Verdunstung deutlich vergrößert und damit in den Altbestand auf schädliche Weise eingriffen wird.

(Es sei am Rande angemerkt, dass die Herausstellung der Eigenschaften »hohe Wasserdampfdurchlässigkeit«, »hohe Diffusionsoffenheit«, »hohe Diffusionsrate« etc. in den Technischen Merkblättern der Hersteller in den Bereich des Marketings fällt. Der im WTA-Merkblatt geforderte µ-Wert von <12 wird auch von herkömmlichen Kalkzementputzen erreicht.)

Vor diesem Hintergrund erscheint auch die Forderung in den Technischen Merkblättern der Hersteller nach dem Abnehmen des Altputzes ca. 1 m über die Schadensgrenze hinaus in einem anderen Licht: Hier werden potenzielle Schadensrisiken gesehen, die man vermeiden will.

Als Fazit ist für diesen Teilaspekt der Instandsetzung die Forderung zu erheben, dass bei schützenswerten Putzen bzw. Wandmalereien oberhalb der Putzschadenszonen keine Sanierputzsysteme verwendet werden dürfen. Hier sind vielmehr kapillaraktive Kalk- bzw. Kalkzementputze einzusetzen.

3.5 Schadenskategorie »Dauerhaft durchnässtes Mauerwerk«

Ein häufiges Problem im Bereich der Instandsetzung ist die dauerhafte Verputzung von dauernassem Mauerwerk. Zu dieser Schadenskategorie zählen zum Beispiel Friedhofsmauern, hinter denen feuchtes Erdreich ansteht und die aus verschiedenen Gründen (zum Beispiel Gräber, Bodendenkmalpflege) nicht abgedichtet werden können (Bild 6).
Die in diesem Fall betrachtete Mauer gehört zu einer Gemeinde nördlich von München und umschließt einen Friedhof, dessen Geländeniveau ca. 1,4 m über dem Straßenniveau liegt. Der Feuchtegehalt des Mauerwerks aus Vollziegeln ist durchweg hoch und liegt zwischen 10 und 17 Masse-% (Sättigungsgrad 75 bis 90). Der Gesamtsalzgehalt bewegt sich zwischen 0,1 bis 0,5 Masse-%, wobei es sich vorrangig um Gips, ein schlecht lösliches Salz, handelt. Die bauschädlichen Salzgruppen – Nitrat- und Chloridverbindungen – sind baupraktisch gesehen vernachlässigbar (<0,1 Masse-%).
Die Friedhofsmauer wurde 2006 mit einem Sanierputzsystem neu beschichtet. Im zugehörigen TM ist zu lesen, dass der Putz geeignet ist »zur Sanierung von feuchte- und salzbelastetem Mauerwerk an Außenfassaden. ... Im Alt- und Neubau an Wandflächen mit starker Feuchtigkeitsbelastung...«.

Nach ca. sechs Jahren Standzeit bietet die verputzte Wand ein desaströses Bild: Neben Verfärbungen und Fleckenbildungen platzt der Putz teilweise großflächig in Schalen ab, bereichsweise wird das Ziegelmauerwerk erkennbar.

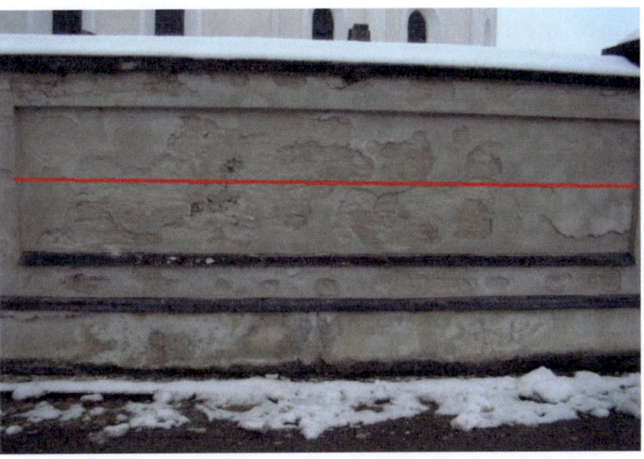

Bild 6 Putzschäden an der Außenseite der Friedhofmauer nach sechs Jahren Standzeit des Sanierputzes: Die Oberkante des innen liegenden Erdreichs ist mit der roten Linie gekennzeichnet.

Hier besteht die berechtigte Vermutung, dass ein einfacher Kalk-Zementputz mindestens genauso lange gehalten hätte.

4 Fazit

Die geschilderten Schadensfälle in Zusammenhang mit der Anwendung von Sanierputzsystemen – und es ist nur eine Auswahl – zeigen, dass zwischen dem Anspruch bzw. Versprechen der Sanierputzindustrie und der Wirklichkeit eine große Kluft besteht. Der propagierte Wirkmechanismus – Salzeinlagerung bei gleichzeitiger Beherrschung der Feuchtebelastung – stellt sich häufig nicht ein. Vielmehr treten bereits oft nach wenigen Jahren auch ohne Salzbelastung des Bestands Schäden durch abplatzende Anstriche auf, die den Blick auf die grauschwarze Matrix des Putzes freigeben. Ursache der Abplatzungen sind häufig Salzausblühungen, deren Ausgangsstoffe in der Mehrzahl der Fälle durch den Putz selbst eingetragen wurden (Thénardit – Na_2SO_4).

Welche Konsequenzen sind aus diesen Erkenntnissen zu ziehen?

Als wichtigste Forderung ist die Beachtung der im WTA-Merkblatt genannten Einsatzbereiche – Stichwort »flankierende Maßnahmen« – zu nennen. Das betrifft vor allem horizontale und vertikale Abdichtungsmaßnahmen.
Die wirksamste horizontale Abdichtung ist immer noch die Ausführung von mechanischen Horizontalsperren (Edelstahl- oder Kunststoffplatten, Abdichtungsbahnen). Zusätzlich ist noch die Trockenlegung durch Mauerwerksaustausch mit Einlage einer Sperrfolie möglich. Da die Durchführung aber immer einen tiefen Eingriff in die Bausubstanz bedeutet, werden

diese Methoden im Bereich der Baudenkmalpflege praktisch nicht mehr angewendet.
Unter den chemischen Injektionsverfahren ist lediglich die Tränkung des vorgetrockneten Mauerwerks mit Heißparaffin eine den mechanischen Trennverfahren gleichzusetzende Methode.

Vertikale Abdichtungen besitzen nicht den gleichen Wirkungsgrad wie horizontale Trennverfahren. Allenfalls bei ziegelgemauerten Kellerwänden, die als eigenes Geschoss ins Erdreich einbinden, können vertikale Außenabdichtungen die erdberührte Fläche und damit die Feuchteaufnahme deutlich verringern. Kleinere Kirchen und Kapellen sind in der Regel nicht so tief gegründet, zudem müsste man neben der Außenwand auch die erdberührte Innenwand in gleicher Weise behandeln, um die feuchteaufnehmende Wandoberfläche entscheidend zu reduzieren. Dies ist aus verschiedenen Gründen (bestehende Ausstattung, Grablegen etc.) meist nicht möglich. Zudem bleibt bei dieser Methode der Mauerfuß im feuchten Erdreich, eine Reduzierung des Feuchteniveaus wird sich – wenn überhaupt – nur langfristig einstellen.

Bei starker Versalzung des Untergrundes besteht generell die Möglichkeit, vor dem Auftrag eines Putzsystems eine Salzreduzierung mit Kompressen durchzuführen.

Grundsätzlich ist vor der Ausschreibung der Putzarbeiten zu prüfen, welches Putzsystem für den jeweiligen Anwendungsfall erforderlich ist. Reicht ein (hydraulischer) Kalkputz, wird ein Kalk-Zementputz benötigt oder bedarf es eines speziellen Funktionsputzes?

Aus zwischenzeitlich ca. zehnjährigen Erfahrungen erscheint uns bei feuchte- und salzbelastetem Mauerwerk, bei dem keine Abdichtungsmaßnahmen möglich sind, eine alternative Vorgehensweise erfolgversprechender. Anstatt die Mauerwerksfeuchte mit gleichzeitig hohem Schadensrisiko »einzusperren« – worauf es aufgrund der Porenhydrophobie eines funktionierenden Sanierputzes in der Praxis hinausläuft – erscheint uns folgender Ansatz zielführender: Hoher kapillarer Wassertransport an die Putzoberfläche bei gleichzeitiger Stabilität des Putzgefüges. An der Oberfläche ausblühende Salze, aus dem Putz bzw. aus dem Mauerwerk stammend, können abgesaugt werden. Eventuelle Malschichtabplatzungen können durch entsprechende Einfärbung der Putze optisch kaschiert werden.
Einige so bearbeitete Objekte werden von uns kritisch begleitet; die bislang erzielten Ergebnisse stimmen uns vorsichtig optimistisch für diese Vorgehensweise

5 Literatur

[1] Stürmer, S.; Patitz, G.: Planung und Ausführung von Sanierputzen – Entwicklung in 25 Jahren und Ausblick. In: BuFAS e.V. (Hrsg.): 25 Jahre Feuchte & Altbausanierung. 25. Hanseatische Sanierungstage vom 30. Oktober bis 1. November 2014 im Ostseebad Heringsdorf/Usedom. Stuttgart: Fraunhofer IRB Verlag, 2014, S. 33 – 47

[2] Hettmann, D.: Dreißig Jahre Sanierputze in der Bauwerkserhaltung – wo liegen die Grenzen der Sanierputze? Herausgegeben von der Wissenschaftlich-Technische Arbeitsgemeinschaft für Bauwerkserhaltung und Denkmalpflege e.V. -WTA-, München. Stuttgart: Fraunhofer IRB Verlag, 2009, S. 111–124 (WTA-Schriftenreihe; 31)

[3] Erfurth, U.: Was sind Wunder, was ist Wirklichkeit? Baustoff-Eigenschaften von Sanierputz-WTA und FRP-Feuchteregulierungsputz im Vergleich. Bautenschutz+Bausanierung 29 (2006) Nr. 7, S. 26–30

[4] Kots, L., Lesnych, N.; Venzmer, H.: Dem Schaden die Suppe versalzen... (Teil 2). Bautenschutz+Bausanierung 33 (2010), Nr. 6, S. 26–28

[5] Künzel, H.: Möglichkeiten und Grenzen von Putzen aus der Sicht der Bauphysik – Anwendung von Sanierputzen in der baulichen Denkmalpflege. Herausgegeben von der Wissenschaftlich-Technischen Arbeitsgemeinschaft für Bauwerkserhaltung und Denkmalpflege e.V. -WTA-, München (Hrsg.). Stuttgart: Fraunhofer IRB Verlag, 1997, S. 61–76 (WTA-Schriftenreihe; 14)

[6] Wissenschaftlich-Technische Arbeitsgemeinschaft für Bauwerkserhaltung und Denkmalpflege e. V. –WTA-, Referat 2 Oberflächentechnologie, München (Hrsg.): WTA Merkblatt 2-9-20/D (Stand: März 2020): Sanierputzsysteme. Stuttgart: Fraunhofer IRB Verlag, 2020

[7] Venzmer, H.; Lesnych, N.; Kots, L.: Modellversuche zum Trocknungsverhalten sanierputzbeschichteter Ziegel. In: Putzinstandsetzung. Vorträge 9. Hanseatische Sanierungstage im November 1998 im Ostseebad Kühlungsborn. Berlin: Verlag für Bauwesen, 1998, S. 123–136, (FAS-Schriftenreihe, Fachverband Feuchte und Altbausanierung e. V.; 9)

Der Autor

Dr. Hans Ettl

- Diplom im Studiengang Geowissenschaften an der LMU in München
- Promotion im Bereich der Baudenkmalpflege, Thema »Kieselsäureester-gebundene Steinersatzmassen«
- Lehrauftrag an TU München, Fachgebiet »Verwitterung, Schadensdiagnostik und Konservierung von Naturwerkstein«
- Mitarbeit in verschiedenen WTA-Arbeitskreisen
- Labor für Erforschung und Begutachtung umweltbedingter Gebäudeschäden
  gemeinsam mit Herrn Dr. Schuh
  D-80805 München
  E-Mail: ettl-schuh@t-online.de

Armierungsputze – kennst Du einen, kennst Du alle?

Probleme mit der Vielfalt

Harry Luik

Kurzfassung: Armierungsputze haben sich als DIE universellen Problemlöser etabliert. Der Anwendungsbereich liegt nahezu grenzenlos im Innen- und Außenbereich und beschränkt sich lediglich in der Putzdicke, die unterhalb von Normalputzen liegt. In Verbindung mit einer Gewebeeinlage und »höherer« Vergütung sollen sie kritische Untergründe armieren, Oberflächenspannungen aufnehmen und entkoppelte Putzgründe auf Wärmedämmungen schaffen. Darüber hinaus werden sie auch als Klebemörtel für Dämmplatten eingesetzt. Doch wo sind die Grenzen, worin liegen die Eigenschaften? Regulativ werden sie einfach mit den allgemeinen Putznormen behandelt. Der Steckbrief eines Armierungsputzes ist unbekannt. Ein Versuch der Differenzierung.

Schlagwörter: Armierungsputze; Klebemörtel; WDVS

1 Warum diese Frage?

Immer wieder sind es Schäden, die zum Nachdenken anregen, meist ohne klare Einflüsse oder Verarbeitungsfehler. Die Nachforschung nach den Parametern, die einen Armierungsputz klassifizieren, enden nach dem Studium der Technischen Merkblätter meist erfolglos. Es gibt sie schlicht und einfach nicht. Wie also soll man Schäden mit verschiedenen Arten von Rissen, Putzablösungen, Feuchteschäden bewerten, wenn offensichtliche Fehler wie Putzdickenabweichung nicht gegeben sind.

Bild 1 Risse an Dämmplattenstößen

Warum ergeben sich Risse über fehlerfrei geklebten Dämmplatten in ausreichender Putzdicke?

Bild 2 Putzausbruch

Warum löst sich der Armierungsputz so sauber vom Gewebe ab und warum wirkt das Gewebe wie eine Trennlage?

Immer wieder zeigen sich richtungslose Risse auf Mineralwolldämmung. Sonst ist alles korrekt ausgeführt. Der Charakter der Putze ist in Bild 2 und Bild 3 als spröde und hart zu definieren.

Bild 3 Richtungslose Risse auf MiWo

Bild 4 Kleberablösung an einer Probe zwischen zwei Dämmplatten

Bild 5 Keine Kleberhaftung auf der Platte

In Bild 4 und Bild 5 zeigte der Armierungsputz in der Anwendung als Kleber eine zu geringe Anhaftung auf den Dämmplatten. Die Dämmplatten wurden auf nicht saugendem Untergrund angesetzt.

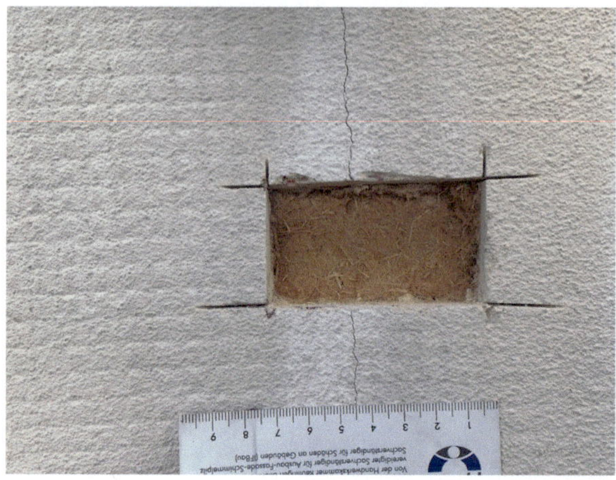

Bild 6 Der Riss folgt exakt dem Gewebefaden und nicht der Plattenfuge.

2 Blick in die Technischen Merkblätter

Die Angaben in den Technischen Merkblättern dienen vordergründig mehr der Produktanpreisung als dem Zweck, eine verbindliche Leistungsfähigkeit zu vermitteln.

> Marketing: »*...Produkte zum Verkauf anbieten in einer Weise, dass Käufer dieses Angebot als wünschenswert wahrnehmen...*« Quelle: Wikipedia

Der Leser von Technischen Merkblättern sollte nicht darüber informiert werden, wie einfach das Produkt zu verarbeiten ist, sondern welche Eigenschaften es besitzt – und zwar in Zahlen ausgedrückt. Im Fall von Armierungsputzen, die meist auch als Klebemörtel eingesetzt werden, lassen sich stattdessen vielfach folgende Beschreibungen entnehmen:

- faserarmiert,
- Haftzusätze,
- sehr hoch wasserabweisend,
- sehr hohe Klebekraft,
- hohe Ergiebigkeit,
- hohe Anwendungssicherheit,
- diffusionsoffen,
- Körnung 1,0 mm,
- Farbton weiß (ca. RAL 9001),
- eingeschränkt tönbar,
- besonders leichte Verarbeitung,
- mineralisch.

Darüber hinaus liest man auch Technisches:

- Druckfestigkeitsklasse CS I bis CS IV nach DIN EN 998-1 [2],
- Wasseraufnahmekoeffizient Klasse W1/W2 nach DIN EN 1062-3 [1] oder DIN EN 998-1 [2],

- Haftfestigkeit am Untergrund in N/mm^2,
- Rohdichte in g/cm^3.

Der Autor machte sich die Mühe, die technischen Daten von rund 80 Klebe- und Armierungsmörteln gängiger Hersteller in einer Tabelle zusammenzustellen. Nur ein einziger Hersteller gab die genauen Druckfestigkeiten an. Ansonsten wurden nur die Druckfestigkeitsklassen angegeben, die bekanntlich nur Wertebereiche abbilden. Die niedrigste Klasse für Armierungsputze beginnt bei CS II und endet bei CS IV.
Geht man nach der Tabelle, gleichen sich die allermeisten Produkte wie ein Ei dem anderen, obwohl es sich in der Praxis um teilweise sehr unterschiedliche Putzcharaktere handelt. Lediglich die Druckfestigkeitsklasse lässt erahnen, ob es sich um einen eher weichen oder eher harten Putz handelt. Selbst auf die bewährte und sinnvolle Angabe der Mörtelgruppe wird bei der Hälfte der Produkte verzichtet.
Insofern wäre es durchaus möglich, ein Cantuccino als Armierungsputz der Druckfestigkeitsklasse CS II zuzuordnen. Damit lägen für das Cantuccino mehr Leistungswerte vor, als für die Armierungsputze des Herstellers in Tabelle 2.

Bild 7 Cantuccini CS II, W0, Mörtelgruppe unbekannt [7]

Die aufschlussreichsten Kennwerte, dem E-Modul und der Biegezugfestigkeit widmet sich auch nur ein Hersteller. Grund hierfür mag der hohe Aufwand zur Ermittlung der tatsächlichen Werte sein. Es darf bezweifelt werden, dass die effektiven Werte von manchen Herstellern gar nicht ermittelt werden.

3 Taugliche Kennwerte

Betrachtet man die angegebenen Werte eines Herstellers zum E-Modul, fällt auf, dass die Spannweite zwischen 2.000 und 11.500 N/mm^2 liegt. Weiter fällt auf, dass der E-Modul nicht mit der Druckfestigkeitsklasse korreliert. Logisch und nachvollziehbar ist, dass der E-Modul bei leichten Armierungsputzen gering ist und bei reinen Klebemörteln hoch. Die Biegezugfestigkeit steigt mit dem E-Modul. Der Quotient aus E-Modul und Biegezugfestigkeit liegt im Bereich von 1100 bis 2000 N/mm^2. Was lässt sich daraus ableiten?

4 Die Unterschiede in den Anwendungen

Putze mit hohen Druckfestigkeiten weisen grundsätzlich eine erhöhte Neigung zu Rissbildungen auf; insbesondere auf weichen Untergründen. Dies zeigen vielfach Schäden an WDVS, bei denen der Armierungsputz richtungslose Risse zeigt. Die Putze gehören meist der Druckfestigkeitsklasse III an. Die Rissneigung steigt dann mit der Putzdicke.
Für Armierungsmörtel ist diese Eigenschaft ungünstig. Für Klebemörtel sind Rissbildungen unrelevant, hier ist wiederum die Standfestigkeit beim Ansetzen des Mörtels und die Klebkraft wichtig.

Produkt	Haftzugfestigkeit N/mm^2 (min.)	auf...	Druckfestigkeit N/mm^2 (min.)	DF-Klasse	Mörtelgruppe	E-Modul dyn. N/mm^2	Biegezugfestigkeit N/mm^2	Rohdichte FM g/cm^3
Klebe- und Armierungsputz mit EPS	0,25	Beton	3,3	CS II	P II	2.000	1,7	0,9
Klebe- und Arm.-putz für min. Untergründe	0,25	Beton	6,6	CS III	P II	4.900	2,4	1,3
Klebe- und Armierungsputz	0,25	Beton	7,4	CS IV	P II	5.800	2,9	1,4
Klebe- und Armierungsputz mit Fasern	0,25	Beton	5,5	CS III	P III	5.800	3,1	1,4
Klebemörtel auf Holzwerkstoffen	0,25	Beton	9,0	k. A	k. A.	6.100	4,2	1,3
Klebemörtel	0,25	Beton	19,7	CS IV	P II	11.500	5,6	1,5

Tabelle 1 Kennwerte eines Herstellers mit detaillierten Angaben (Tabelle: Luik)

Produkt	Haftzug-festigkeit N/mm² (min.)	auf...	Druck-festigkeit N/mm² (min.)	DF-Klasse	Mörtel-gruppe	E-Modul dyn. N/mm²	Biegezug-festigkeit N/mm²	Rohdichte FM g/cm³
Klebe- und Armierungsputz	0,08	WD	k. A.	CS III	P II	k. A.	k. A.	k. A.
Klebe- und Armierungsputz	0,08	WD	k. A.	CS III	P II	k. A.	k. A.	k. A.
Klebe- und Armierungsputz mit EPS	0,08	WD	k. A.	CS II	k. A.	k. A.	k. A.	k. A.
Klebe- und Armierungsputz	0,08	WD	k. A.	CS IV	k. A.	k. A.	k. A.	k. A.
Klebemörtel auf Holzwerkstoffen	0,08	WD	k. A.	CS III	k. A.	k. A.	k. A.	k. A.
Klebe- und Armierungsputz Sockel	0,08	WD	k. A.	CS IV	k. A.	k. A.	k. A.	k. A.
Klebe- und Armierungsputz Sockel	0,08	WD	k. A.	CS IV	k. A.	k. A.	k. A.	k. A.

Tabelle 2 Kennwerte eines Herstellers mit leicht überschaubaren Daten (Tabelle: Luik)

Das Anforderungsprofil von Armierungsputzen unterscheidet sich in Bezug auf die Verarbeitung und der technischen Merkmale wesentlich von den Klebemörteln. Die Problematik der Alles-in-Einem-Strategie soll nachfolgend verdeutlicht werden.

4.1 Armierungsmörtel

Das Anforderungsprofil von Armierungsputzen wird vordergründig von der Verarbeitung bestimmt. Der Marktabsatz und der Erfolg eines Armierungsputzes werden letztlich auf der Baustelle bestimmt:

- geringes Gewicht und geringe Rohdichte,
- hohe Ergiebigkeit bei reichlich Wasserzugabe,
- gutes Preis-Leistungs-Verhältnis aufgrund geringen Materialeinsatzes,
- lange Offenzeit zur Verarbeitung,
- gute Maschinengängigkeit,
- gut zu verziehen, leichtem Zuschlag,
- gut zu glätten bei weichen Zuschlägen,
- Putzdickenunterschiede leicht zu egalisieren.

Um diese Anforderungen zu erfüllen, bedarf es eines hohen Anteils leichter Zuschläge wie Perlite oder EPS (Expandiertes Polystyrol). Sandanteile werden verringert. Geringe Zementanteile dienen der Standfestigkeit und der Steuerung des Abbindeprozesses. Methylcellulose verlängert die Offenheit und macht die Wasserzugabe »gutmütiger«. Allein die Erfüllung dieser Anforderung reicht aus, um »Bestseller« am Markt zu platzieren. Doch Armierungsputze haben auch technische Anforderungen zu erfüllen:

- gute Haftzugfestigkeit am Untergrund und am Gewebe durch hohe Polymervergütung,
- geringer E-Modul, um putzinterne Spannungsrisse zu vermeiden,
- hohe Biegezugfestigkeit, um Zugspannung bei Verformung zu verteilen.

Diese Eigenschaften sind erforderlich, um entstehende Spannungen auf das Gewebe übertragen zu können und die Rissneigung zu reduzieren. Ein hoher Anteil organischer Zusätze reduziert jedoch die Verarbeitungsqualität. Ein erstes Pro und Kontra.

4.2 Klebemörtel

Gute Klebemörtel unterscheiden sich in der Anwendung »Ansetzen von Dämmplatten« nicht wesentlich von Armierungsmörteln. Jedoch sind weitere folgende Aspekte wichtig:

- gute Standfestigkeit und kein Abrutschen bei höherer Auftragsdicke,
- gute Erstanhaftung,
- gute Formbarkeit beim Andrücken von Dämmplatten,
- schnelle Ausbildung der Haftzugfestigkeit an Dämmplatten, um Plattenablösungen zu vermeiden.

Die technischen Anforderungen sind:

- gute Haftzugfestigkeit durch hohe Polymervergütung, insbesondere auf Problemuntergründen,
- hydraulische Eigenschaften, um die Überwässerung zu steuern.

Die technischen Eigenschaften eines Klebemörtels werden besonders durch eine angepasste Sieblinie mit gröberem und scharfem Korn erreicht. Leichtzuschläge können kontraproduktiv wirken. Höhere Zementanteile sorgen für einen schnelleren Abbindeprozess und steuern den Wasserhaushalt, da die »Trocknung« an der Luft eingeschränkt ist.

4.3 Haftmörtel

Eine weitere Anwendung ist die mineralische Putzhaftbrücke [6]. Neben der leichten Verarbeitbarkeit ist die wichtigste technischen Anforderung eine hohe Haftzugfestigkeit.

5 Technische Differenzierung

Vor dem Hintergrund der teilweise widersprüchlichen Anforderungsprofile stellt sich die Frage, warum diese Eigenschaften in einem Produkt vereint werden sollen bzw. welche Konsequenzen daraus entstehen.
Die Marktübersicht ergibt in der grafischen Darstellung des E-Moduls über der Druckfestigkeit folgendes Abbild:

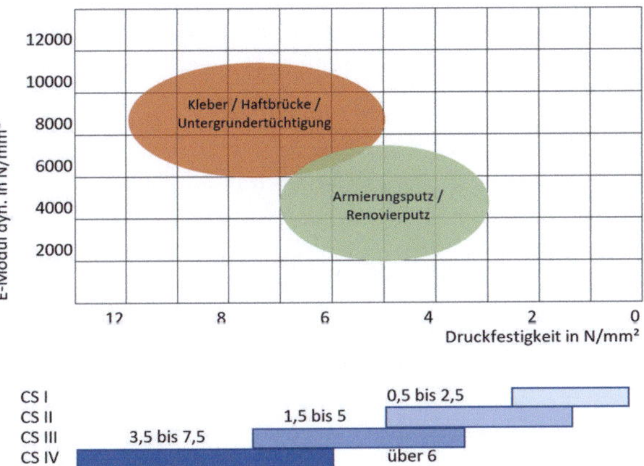

Bild 8 Grafik: Klebe- und Armierungsmörtel (Luik)

Das Problem sind nicht die als reine Klebemörtel deklarierten Produkte, sondern die Alleskönner. Denn reine Klebemörtel werden als solche höher vergütet formuliert und auch nur als solche verarbeitet, denn der Versuch mit Klebemörteln zu verputzen, scheitert nach kurzer Zeit.
Andersherum können nahezu alle als Armierungsputze deklarierten Produkte als Klebemörtel verwendet werden, was folgende Probleme verursacht:

- Die Anhaftung am Untergrund ist zu gering.
- Die Erstanhaftung geht zu langsam. Belastungen oder Verformungen von Dämmplatten führen in der Frühphase zu Ablösung, insbesondere bei graphitierten EPS-Platten bei Sonneneinstrahlung.
- Zu hoher Wasseranteil in Verbindung mit zu geringen hydraulischen Abbindefaktoren lassen den Klebemörtel zwischen nichtsaugenden Oberflächen »ersaufen« (siehe Bild 4 und Bild 5).

Besonders der letzte Punkt führte an einem Projekt des Autors zu erheblichen Schäden durch Ablösung von fachgerecht verklebten EPS-Dämmplatten.

6 Technik vs. Verarbeitung

Der größte Widerspruch zeigt sich in den gewünschten Eigenschaften zur Verarbeitung und den technischen Anforderungen bei der Anwendung als Armierungsputz.
Es ist marktpolitisch leicht nachvollziehbar, dass Armierungsputze vorrangig auf eine einfache Verarbeitung hin formuliert werden, vor allem für einen möglichst großen Kreis von »handwerkenden« Personen. Die nachrangige Beachtung der technischen Eigenschaften führt wie eingangs erwähnt zu einer Vielzahl von Problemen und auch Schäden:

- Hohe organische Anteile (Polymervergütung) sorgen für eine gute Haftung am Untergrund bzw. den Dämmplatten. Ein hoher Anteil hat nicht nur höhere Produktkosten zur Folge. Der Putz lässt sich nicht mehr so leicht verziehen. Hier findet sich ein wirtschaftlicher Faktor, der die Produktqualität entscheidend herabsetzt.
- Die Polymervergütung sorgt auch für eine höhere Biegezugfestigkeit, welche die Rissgefahr reduziert. Hierbei spielt die kraftschlüssige Verbindung zwischen Putz und Gewebe eine große Rolle. Die im Putz auftretende Spannung muss über das Armierungsgewebe aufgenommen werden. Nur so können hygrothermische Spannungen oder auch punktuelle Belastungen über die Fläche verteilt werden. Bei geringer Vergütung trennt und schert sich der Putz vom Gewebe ab. Es kommt zu Rissbildungen oder Putzabplatzungen (siehe Bild 2 und Bild 3). In der Praxis zeigt sich dieses Problem häufig darin, wenn sich der Putz leicht zwischen den Fingern zerbröseln oder sich restlos vom Gewebe lösen lässt.

Anzustreben ist daher eine Produktformulierung mit niedrigem E-Modul bei gleichzeitig hoher Biegezugfestigkeit. Produkte mit diesen Eigenschaften sind aufgrund höherer Polymervergütung meist an höheren Materialpreisen erkennbar.

6.1 Leichtputze

Leichtputze sind die beliebtesten Produkte, da sie wirtschaftlich und leicht zu verarbeiten sind. Doch das sind die Nachteile:

- Ein hoher Anteil von Leichtzuschlägen führt zu einer leichten Verarbeitung und der günstigen Herabsetzung des E-Moduls. Allerdings reduziert dies auch die Druckfestigkeit, was bei geringen Putzdicken zu unbefriedigenden mechanischen Widerstandsfähigkeit an Fassaden führt. Höhere

Mindestputzdicken bei Vorgabe und Ausführung würden das Problem beseitigen. Aus wirtschaftlichen Gründen wird dies allerdings sowohl von Herstellern als auch von Handwerkern nicht priorisiert. Es ergibt sich ein doppelter Spareffekt mit günstigem, ergiebigem Produkt bei dünner Putzlage.

- Die Zuschläge in Leichtarmierungsputzen können je nach Stoff (EPS, Perlite, Recyclingstoffe) erhöhte Wasseraufnahmen des Festmörtels verursachen. Die hydrophobierenden Zusätze müssen das Problem ausgleichen. Sollte dies bei ungünstiger Witterung bei der Applikation (Temperatur, Feuchte) [4] nicht sichergestellt sein, bilden sich Putze als Wassersäufer aus. Zuschläge aus Sand fördern dieses Problem nicht.

6.2 Putze mit hoher Druckfestigkeit

Einige Hersteller neigen dazu, Putze mit höherer Druckfestigkeit zu formulieren. Dies erfolgt entweder durch einen höheren Zementanteil oder/und einer höheren Polymervergütung. Dadurch können stabilere Putzlagen bei dünnschichtigem Aufbau erreicht werden. Es ergeben sich folgende Problemstellungen:

- Eine hohe Druckfestigkeit erhöht die Rissgefahr, wenn die Biegezugfestigkeit von Putzen der Mörtelgruppe III (Zementputze) durch mindere Polymervergütung zu gering ist. Solche Putze zeigen sich bei dünnen Putzlagen hart-spröde und weniger fähig, Spannungen durch Witterung und Verformungen auf weichen Dämmschichten abzubauen. Vielfach ergeben sich dann Spannungsrisse, bereits kurz nach dem Abbindeprozess. Das Verhältnis zwischen Druckfestigkeit und Biegezugfestigkeit ist nicht ausgewogen (siehe Bild 1 und Bild 2).
- Andersherum ist auch Vorsicht geboten, wenn Putze mit hoher Druckfestigkeit in einer zu hohen Putzdicke appliziert werden. Auf Mineralwolldämmungen sind die höheren Putzdicken oft anzutreffen. Dann erhöht sich die Rissanfälligkeit aufgrund einer zu hohen Flächenspannung (siehe Bild 3). Aus diesem Grund begrenzen manche Hersteller die zulässige Putzdicke nach oben. Zum Beispiel begrenzt der Hersteller in Zeile 3 von Tabelle 1 mit dem Produkt der Druckfestigkeit CS IV auf eine Putzdicke von 7 mm.

7 Zusammenfassung

Vielfalt nutzt nur dem, der die Unterschiede kennt. Die Produktdeklarationen der Hersteller reichen allerdings in den meisten Fällen nicht für eine ausreichende Transparenz.

Sämtliche Armierungsputze scheinen in den Technischen Merkblättern nahezu identisch zu sein. Zahlenmäßige Unterschiede sind meist nicht zu erkennen. Die Erkenntnis über die Leistungsfähigkeit und die Eignung der Putze zeigen sich dann meist durch Schäden, die wiederum anhand der TM nicht belegbar sind.

Sicher ist jedoch: Es gibt sehr viele Stellschrauben zur Formulierung von Armierungsputzen, die ein breites Anwendungsspektrum ermöglichen. Die Möglichkeiten, anwendungssichere Produkte herzustellen, fallen in den meisten Fällen entweder dem Preisdruck oder der leichten Verarbeitung oder beidem zum Opfer.

Die Ausgewogenheit zwischen der Druckfestigkeit, dem E-Modul und der Biegezugfestigkeit ist der Schlüssel zu einem guten Produkt. Die Mörtelgruppe, insbesondere der Zementanteil, spielt dabei ebenfalls eine Rolle, denn sie beeinflusst schon immer den Charakter eines Putzes beim Abbindeprozess. So lassen sich Armierungsputze gezielt für verschiedene Anwendungen formulieren.

Zuletzt entscheiden die richtige Auswahl und die Anwendung über eine mangel- und schadenfreie Fassade. Sind die hierzu notwendigen Daten nicht öffentlich zugänglich, ist den haftenden Baubeteiligten Planenden sowie Fachhandwerkerinnen und Fachhandwerkern angeraten, diese einzufordern.

Literatur

[1] DIN EN 1062-3:2008-04 Beschichtungsstoffe – Beschichtungsstoffe und Beschichtungssysteme für mineralische Substrate und Beton im Außenbereich – Teil 3: Bestimmung der Wasserdurchlässigkeit.

[2] DIN EN 998-1:2017-02 Festlegungen für Mörtel im Mauerwerksbau – Teil 1: Putzmörtel

[3] DIN 18550-1:2018-01 Planung, Zubereitung und Ausführung von Außen- und Innenputzen – Teil 1: Ergänzende Festlegungen zu DIN EN 13914-1:2016-09 für Außenputze

[4] Bundesverband Ausbau und Fassade im ZDB, Berlin; Österreichische Arbeitsgemeinschaft Putz, Guntramsdorf (A); Schweizerische Maler- und Gipser Unternehmer-Verband, Walli-

sellen (CH) (Hrsg.): Verputzen, Wärmedämmen, Spachteln, Beschichten bei hohen und niedrigen Temperaturen. Gemeinsames Merkblatt der Verbände. Dezember 2013

[5] Wissenschaftlich-Technische Arbeitsgemeinschaft für Bauwerkserhaltung und Denkmalpflege e. V. -WTA-, Referat 2 Oberflächentechnologie, München (Hrsg.): WTA Merkblatt 2-4-14/D Beurteilung und Instandsetzung gerissener Putze an Fassaden. Deutsche Fassung. Stand August 2008. Redaktionell überarbeitet 2014. Stuttgart: Fraunhofer IRB Verlag, 2014

[6] Verband für Dämmsysteme, Putz und Mörtel e. V. (Hrsg.) Leitlinien für das Verputzen von Mauerwerk und Beton. Berlin: Selbstverlag, 2018

[7] »Technisches Merkblatt« Cantuccini, Mandelplätzchen aus der Toskana/Umbrien. Chefkoch.de

Der Autor

Harry Luik

- Dipl.-Ing. (FH) Architekt, Stuckateurmeister
- Mediator, Gebäudeenergieberater
- öffentlich bestellter und vereidigter (ö.b.u.v.) Sachverständiger für das Stuckateurhandwerk
- Sachverständiger für Schäden an Gebäuden (IFBau)
- ISK-Mitglied
- D-72766 Reutlingen
  harry.luik@t-online.de
  www.harryluik.de

Die Bestimmung der Baustofffeuchte zur Prüfung des Trocknungsverlaufs von Estrich mit verschiedenen Zementarten

Ergebnisse eines Forschungsvorhabens

Jochen Reiners, Christoph Müller

Kurzfassung: Aufgrund ihrer Sorptionsisotherme liegt die absolute Ausgleichsfeuchte von Zementestrichen und Betonen mit hüttensandhaltigen Zementen höher als die von Estrichen und Betonen mit Portlandzement oder Portlandkalksteinzement. Bisher typische Grenzwerte für CM-Feuchtegehalte können von Zementestrichen mit hüttensandhaltigen Zementen nicht immer erreicht werden. Die Messung der relativen Feuchte von Estrichen erscheint gut geeignet, um zu beurteilen, ob die Belegreife eines Zementestrichs erreicht ist.

Schlagwörter: Sorptionsisotherme; Trocknung; Gleichgewichtsfeuchte

1 Einleitung und Problemstellung

Die Belegreife eines Estrichs liegt vor, wenn der Estrich nach seinem Einbringen so weit getrocknet ist, dass der maximale Feuchtegehalt erreicht oder unterschritten wird, der vor Verlegung eines bestimmten Bodenbelags vorhanden sein darf. Wird ein Bodenbelag aufgebracht, bevor die Belegreife erreicht ist, muss mit Schäden am Bodenbelag bzw. am Estrich gerechnet werden. Die heute am häufigste verwendete Methode zur Ermittlung des Feuchtigkeitsgehalts von Estrichen ist die Calciumcarbid-Methode (oder die »CM-Messung«). Ihre Anwendung ist mit Neufassung der DIN 18560-1 [1] zur Beurteilung der Belegreife von Zementestrichen normativ vorgegeben.

Im Sinne eines zügigen Baufortschritts haben Bauherren und bauausführende Firmen ein Interesse daran, dass Estriche möglichst bald nach ihrer Verlegung soweit getrocknet sind, dass ihre Belegreife erreicht ist.
Die Ergebnisse eines früheren Forschungsvorhabens (IGF-Vorhaben Nr. 17928N »Feuchte in Beton und Zementestrich«) hatten gezeigt, dass Estriche mit hüttensandhaltigen Zementen bei üblichen Umgebungsbedingungen

- langsamer Feuchte an die Umgebung abgeben und
- höhere Gleichgewichtsfeuchten (in Masse-%) aufweisen können als Estriche mit Portlandzement.

Gleichzeitig wurde dargelegt, dass eine höhere Gleichgewichtsfeuchte keine Einschränkung der Anwendung solcher Estriche mit hüttensandhaltigen Zementen bedeutet, da die Estriche diese Feuchte nicht mehr an die Umgebung abgeben und damit auch keine Schäden an Fußbodenkonstruktionen zu befürchten sind. Die derzeit praxisübliche Prüfung der Belegreife über die Bestimmung des Feuchtegehalts mit der CM-Messung (mit definierten Maximalwerten, die anhand des Trocknungsverhaltens von Estrichen mit Portlandzement definiert wurden) trägt nicht in allen Fällen den Besonderheiten der Porengrößenverteilung und der Ausgleichsfeuchte verschiedener Estriche Rechnung.

1.1 Forschungsziel und Lösungsweg

Die sogenannte Sorptionsisotherme eines Baustoffs beschreibt den Gleichgewichtsfeuchtegehalt als Funktion der relativen Luftfeuchte der umgebenden Luft bei einer bestimmten Temperatur. Der Verlauf der Sorptionsisotherme ist in hohem Maße von der Porengrößenverteilung eines Baustoffs abhängig. Da die Zementart die Porengrößenverteilung eines Zementestrichs oder Betons entscheidend beeinflussen kann, hat sie auch einen großen Einfluss auf den Verlauf der Sorptionsisotherme. Bild 1 zeigt beispielhaft die experimentell bestimmten Sorptionsisothermen für vier Betone, die sich nur hinsichtlich der Zementart unterscheiden (Zementgehalt 350 kg/m^3, Wasserzementwert 0,55; Kiessand Sieblinie B16).

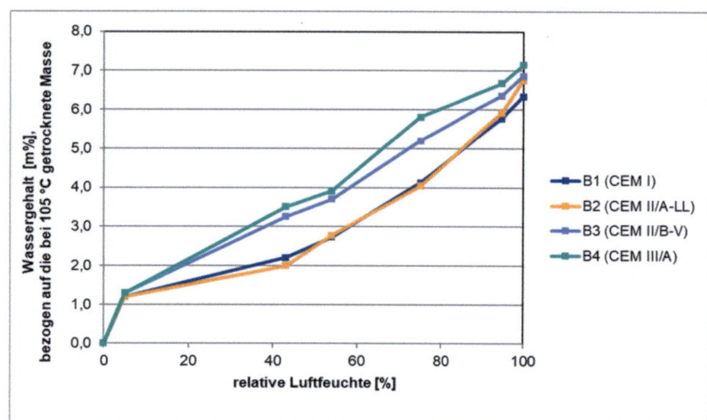

Bild 1 Sorptionsisothermen von vier Betonen mit unterschiedlichen Zementarten

Die Festlegung von Richtwerten für die relative Baustofffeuchte wäre eine Möglichkeit, die Belegreife unabhängig von der Porenverteilung und der Sorptionsisotherme des Estrichs zu definieren. Im Forschungsprojekt sollte untersucht werden, welche hygrometrischen Verfahren zur Feuchtebestimmung von Estrichen sinnvoll zum Einsatz kommen könnten.

1. Es sollte überprüft werden, ob eine Messung und Bewertung der relativen Luftfeuchte in Zementestrichen zu einer Beurteilung der Belegreife führen, die den Charakteristika verschiedener Zementarten hinsichtlich ihres Porengefüges und ihrer Sorptionsisothermen besser Rechnung trägt als der Feuchtegehalt im Zementestrich, ausgedrückt in CM- oder Masse-%. Hierbei sollten verschiedene Methoden zur Bestimmung der relativen Luftfeuchte im Baustoff Anwendung finden.
2. Es sollte überprüft werden, wie praktikabel und wie reproduzierbar die Messung der relativen Luftfeuchte im Baustoff mit verschiedenen Verfahren ist. Insbesondere sollte bestimmt werden, nach welchen Zeiträumen für verschiedene Messmethoden ein aussagekräftiges Messergebnis abgelesen werden kann.

1.2 Durchgeführte Arbeiten

1.2.1 Angewandte Methoden zur Feuchtebestimmung

Folgende Methoden zur Bestimmung der relativen Baustofffeuchte von Zementestrichen kamen zur Anwendung:

- Bestimmung der relativen Feuchte im Stemmgut,
- Bestimmung der relativen Feuchte an der Estrichoberfläche,
- Bestimmung der relativen Feuchte über in den Estrich eingebrachte Messhülsen.

Zum Vergleich wurden Prüfungen mit der Calciumcarbid-Methode (CM-Messung) durchgeführt. Die Durchführung der Prüfungen sowie die Ergebnisse werden nachfolgend dargestellt.

1.2.2 Herstellung und Lagerung von Probekörpern

Tabelle 1 zeigt die untersuchten Estrichzusammensetzungen: Es wurden zwei Rezepturen mit jeweils vier verschiedenen Zementarten verwendet. Jeweils zwölf Probekörper mit einer Grundfläche von 20 cm × 20 cm und einer Estrichdicke von 6 cm wurden hergestellt. Zum Betonieren wurden Formen aus Hartschaumplatten verwendet, die an der Innenseite mit diffusionsdichtem Klebeband ausgekleidet wurden (Bild 2). Bis zur Prüfung verblieben die Probekörper in diesen Formen. So war sichergestellt, dass eine Trocknung – wie bei Estrichen der Praxis – nur zur Oberseite hin stattfinden konnte.

Bild 2 Probekörper zur Untersuchung des Trocknungsverhaltens von Estrichen

Tabelle 1 Untersuchte Estrichzusammensetzungen

Zementart	CEM I 42,5 R	CEM II/A-LL 42,5 N	CEM II/B-V 42,5 R	CEM III/A 42,5 N
Zementgehalt 300 kg/m³, w/z = 0,65; Rheinkiessand B8	E1	E3	E5	E7
Zementgehalt 330 kg/m³, w/z = 0,55; Fließmittel PCE 0,2 % v. Z., Rheinkiessand B8	E2	E4	E6	E8

Hier sind aus Platzgründen nur Ergebnisse für die Estriche mit einem Zementgehalt von 300 kg/m³ dargestellt (Estriche E1, E3, E5 und E7).

Die Verdichtung der Estriche erfolgte in zwei Lagen auf einem Vibrationstisch. Nach der Herstellung wurden die Probekörper rund 24 Stunden in einem Feuchtschrank bei ca. 20 °C und 100 % rel. Feuchte gelagert, danach erfolgte die Umlagerung in das Klima 20 °C/65 % rel. Feuchte. Die Feuchtemessung der Estriche wurde für jede Zusammensetzung 7, 14, 28, 56 und 84 Tage nach der Herstellung an den hierfür vorgesehenen Probekörpern durchgeführt. Auf diesem Wege konnte die zeitliche Entwicklung des Trocknungsprozesses erfasst werden.

1.2.3 Bestimmung der relativen Feuchte im Stemmgut

Eine skandinavische Norm [2] beschreibt ein Verfahren zur Messung der relativen Luftfeuchte von Beton- und Mörtelproben in geschlossenen Behältern. Ein ähnliches Verfahren wird in [3] beschrieben, dort werden Kunststoffbeutel verwendet. Die Bestimmung der relativen Estrichfeuchte wurde hier in Anlehnung an [2] durchgeführt.

Für die Messung der relativen Feuchte im Stemmgut wurden Teilproben aus dem Estrich jeweils aus der oberen und der unteren Hälfte der Probekörper mittels eines elektrischen Stemmhammers gewonnen. Wie in der Norm beschrieben wurden rund zwei Drittel der Behälter mit dem zu untersuchenden Estrich gefüllt und die Behälter verschlossen (Bild 3). In die Deckel der Kunststoffbehälter wurden Löcher gebohrt, die zunächst mit Knetmasse verschlossen wurden. Am Tag nach dem Einfüllen des Estrichs wurden Hygrometer durch die Löcher eingeführt.

Bild 3 Stemmgut in Kunststoffbehältern

Die Messung der relativen Feuchte im Stemmgut erfolgte wie in [2] beschrieben, 48 Stunden nachdem die Estrichprobe in die Kunststoffbehälter eingebracht worden war. Die Ergebnisse für die Estriche E1, E3, E5 und E7 sind in Bild 4 dargestellt (jeweils Mittelwerte der Messungen an zwei Probekörpern). Beim Vergleich der relativen Feuchte für die verwendeten Zementarten kann nicht wie bei der Darrmethode oder CM-Messung festgestellt werden, dass der Estrich mit CEM III/A langsamer trocknet. Es liegt im Gegenteil bei den Estrichen E7 meist eine eher geringere relative Baustofffeuchte vor als bei den Estrichen mit anderen Zementarten.

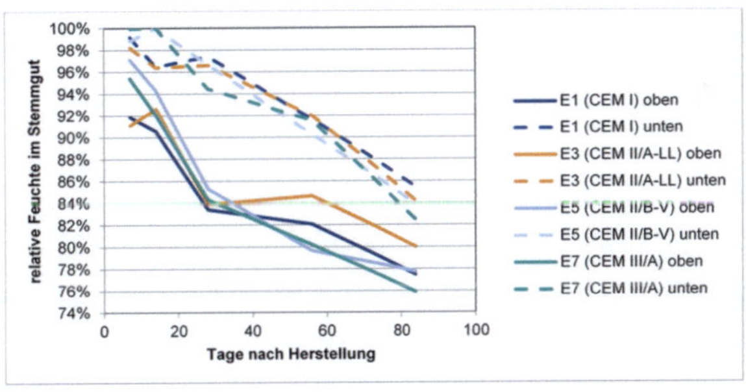

Bild 4 Relative Baustofffeuchte im Stemmgut (Estriche E1, E3, E5, E7)

Im Vergleich zu den anderen im Versuchsprogramm untersuchten Methoden zur Bestimmung der relativen Baustofffeuchte ist bei dieser Methodik das Gewinnen von Stemmproben erforderlich. Die Nachteile der CM-Messung und der Darrmethode, nämlich die relativ aufwendige Probenahme sowie die recht hohe Wahrscheinlichkeit, eine nicht repräsentative Probe aus dem Estrich zu gewinnen, werden damit »übernommen«. Auch die Tatsache, dass das Messergebnis erst 48 Stunden nach dem Stemmen bestimmt werden kann, ist als Nachteil zu werten. Die Technische Kommission Bauklebstoffe (TKB) des

Industrieverbands Klebstoffe e. V. erlaubt in [3] den Beginn der Messung unmittelbar nach dem Einfüllen des Stemmguts in den Kunststoffbeutel.

1.2.4 Bestimmung der relativen Feuchte an der Estrichoberfläche

Die Messung der relativen Feuchte an der Estrichoberfläche, auf die zum Beispiel in [4] verwiesen wird, erfolgte über ein Hygrometer, das die Luftfeuchte in einem begrenzten Luftvolumen misst, das sich im Feuchtegleichgewicht mit der Estrichoberfläche befindet, aber von der Umgebungsluft durch eine Abdichtung getrennt ist. Verschiedene Hersteller bieten hierzu entsprechende Geräte an. Im Forschungsvorhaben wurde das »Hygrohood« der Firma Tramex verwendet (Bild 5).

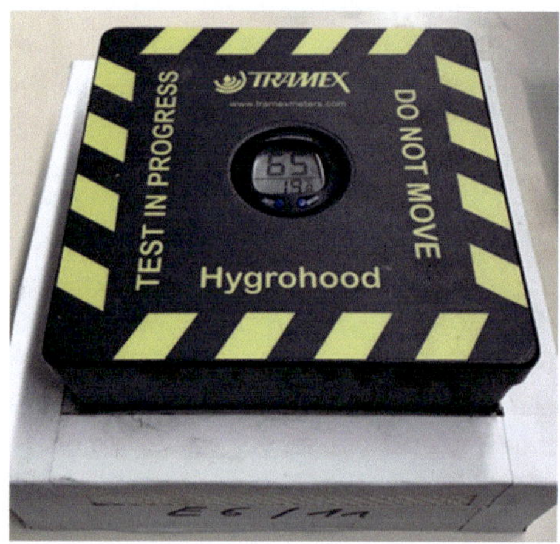

Bild 5 Bestimmung der relativen Feuchte an der Estrichoberfläche

Bild 6 zeigt den Verlauf der mit dem »Hygrohood« ermittelten Feuchte unmittelbar nach dem Auflegen auf den Estrich und über einen Zeitraum von mehreren Stunden danach. Man erkennt, dass sich die angezeigte Feuchte an der Estrichoberseite auch nach mehreren Stunden noch ändern kann.

Mit einer Information über die relative Feuchtigkeit an der Oberseite eines Estrichs kann nicht auf die Feuchteverteilung über die Estrichhöhe und auf die Feuchte im Inneren des Estrichs geschlossen werden. Die Bestimmung der relativen Feuchte an der Estrichoberfläche scheint daher als Entscheidungshilfe im Hinblick auf die Belegreife nur bedingt geeignet.

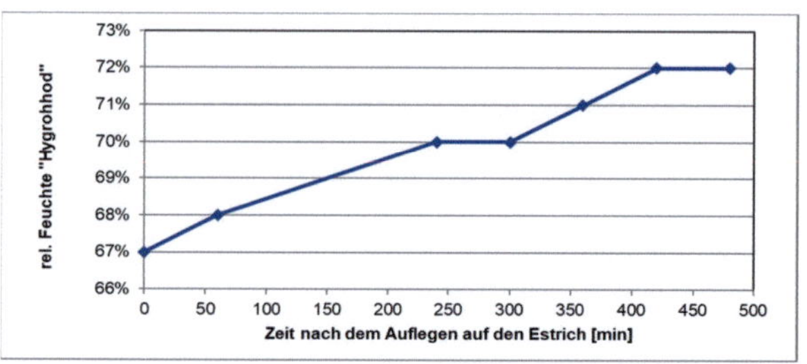

Bild 6 Relative Feuchte an der Estrichoberfläche, Estrich E3, 28 Tage nach Herstellung

1.2.5 Ermittlung der relativen Feuchte über Messhülsen im Estrich

Die skandinavische Norm [5] beschreibt die Messung der relativen Feuchte in Beton über das Einführen von Feuchtesensoren in vorab hergestellten Bohrlöchern. Es werden zwei Verfahren (ohne und mit Auskleidung des Bohrlochs mit einer Kunststoffhülse) beschrieben. Im Forschungsvorhaben wurden die Bohrlöcher mit Kunststoffhülsen ausgekleidet, um zu erreichen, dass der Feuchtegehalt an der Unterseite des Bohrlochs erfasst wurde und dieser Wert nicht durch Feuchtegehalte entlang der Bohrlochhöhe beeinflusst wurde. [6] beschreibt für Betonböden ein Verfahren, bei dem Messhülsen an Schalung oder Bewehrung befestigt werden und so Messstellen für die Bestimmung beim Einbringen des frischen Betons angelegt werden. Auch diese Methode kam hier für die Bestimmung der relativen Baustofffeuchte zur Anwendung.

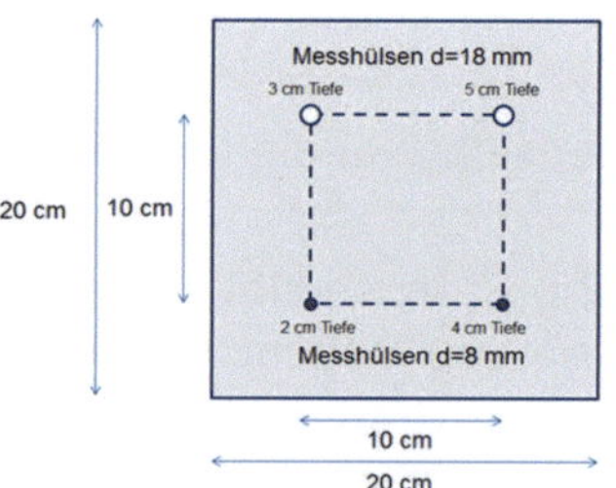

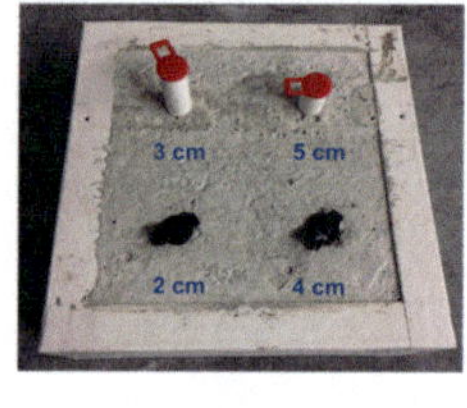

Bild 7 Beispielhafte Anordnung der Messhülsen in einem Probekörper

Es kamen Messhülsen mit Durchmessern von 8 bzw. 18 mm von zwei Herstellern zur Anwendung. Die Feuchtesonden der gleichen Hersteller waren auf den jeweiligen Durchmesser der Messhülsen abgestimmt. Bild 7 und Bild 8 zeigen beispielhaft einen Probekörper mit Messhülsen d = 8 mm zur Messung der Feuchte in 2 und 4 cm Tiefe sowie Messhülsen d = 18 mm zur Messung der Feuchte in 3 und 5 cm Tiefe. Zur Messung der relativen Feuchte wurden die Deckel der Messhülsen geöffnet und die Hygrometer für den jeweiligen Messhülsendurchmesser eingeführt. Eine konstante Feuchteanzeige stellte sich jeweils nach einem Zeitraum von bis zu 15 Minuten ein. Nach jeder Messung wurden die Deckel bis zur nächsten Messung wieder verschlossen.

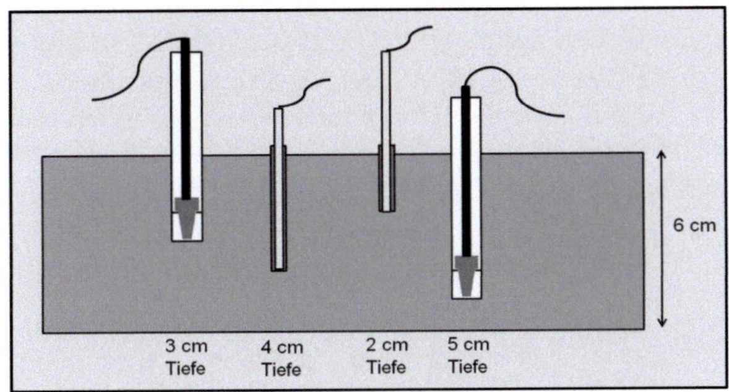

Bild 8 Beispielhafter Schnitt durch Estrichprobekörper mit Darstellung der Messhülsen

Bild 9 zeigt beispielhaft das Ergebnis der Messungen der relativen Feuchte in den Messhülsen für die Estriche E1 und E7.

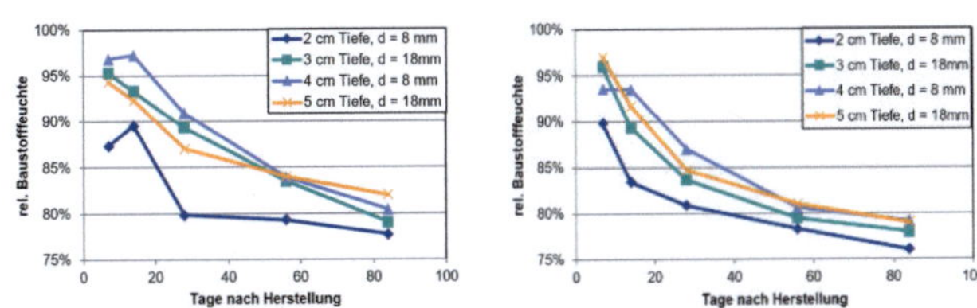

Bild 9 Relative Baustofffeuchte im Estrich E1 (CEM I, links) und im Estrich E7 (CEM III/A, rechts)

Folgende Feststellungen konnten getroffen werden:

- Grundsätzlich spiegelten die Verläufe der relativen Baustofffeuchte die Trocknung der Estriche mit fortschreitender Zeit sowie die erwartete Abstufung der Feuchte innerhalb der Estriche (d. h. höhere relative Feuchten mit wachsendem Abstand von der Oberfläche) meist gut wider.
- Die Messhülsen mit einem Durchmesser von 8 mm in 2 cm Tiefe lieferten zum Teil Ergebnisse, die sich deutlich von den Ergebnissen in 3 cm und 4 cm Tiefe unterschieden. Dies könnte darin begründet sein, dass die Verankerung der Hülsen im Estrich durch die kurze Länge nicht ausreichend war. Die Hülsen waren tatsächlich etwas beweglich. Sie sollten entsprechend nur für Messungen in größeren Tiefen eingesetzt werden bzw. sollte auf eine ausreichende Verankerung geachtet werden.
- In frühem Alter der Estriche stellten sich nicht durchgängig stetige Kurvenverläufe ein: Zum Beispiel wurden nach 14 Tagen höhere Werte für die relative Feuchte gemessen als nach sieben Tagen. Mit fortschreitendem Alter traten solch unstetige Verläufe nur noch selten auf.

Ein systematischer Einfluss der Zementart auf die relative Feuchte konnte nicht festgestellt werden. Insbesondere liegt die relative Feuchte in Estrichen mit CEM III/A nicht höher als die relative Feuchte in den Estrichen mit anderen Zementarten.

1.2.6 Vergleich der relativen Feuchte in Messhülsen mit den Ergebnissen der CM-Messung

Für die Gegenüberstellung der relativen Feuchte in Messhülsen und den Ergebnissen der CM-Messung wurden CM-Messungen wie in [7] beschrieben durchgeführt. Dazu wurden mit einem Stemmhammer Teilproben jeweils von der oberen und der unteren Hälfte jedes Probekörpers gewonnen und die CM-Feuchte ermittelt.

Für den Vergleich wird im Folgenden die jeweils untere Hälfte der Estrichprobekörper betrachtet (Bild 10).

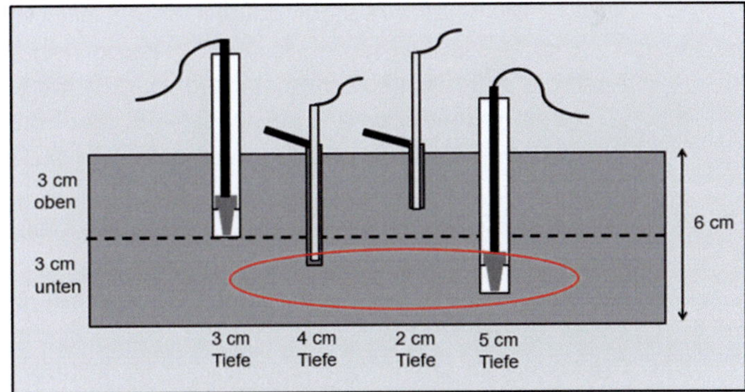

Bild 10 Mittelung der relativen Feuchte in 4 und 5 cm Tiefe zum Vergleich mit der CM-Messung für die untere Hälfte des Probekörpers

Bild 11 zeigt die Gegenüberstellung der Ergebnisse der CM-Messung und der Mittelwerte der beiden Messungen der relativen Feuchte in 4 und 5 cm Tiefe für den Estrich E1 (mit Portlandzement).

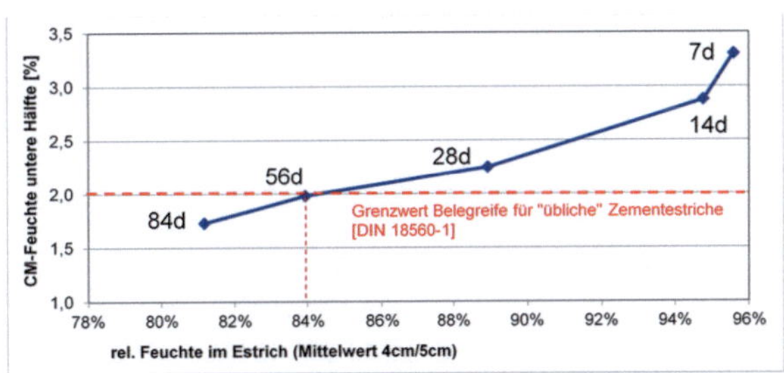

Bild 11 Estrich E1 (CEM I 300 kg/m³, w/z = 0,65): Vergleich der relativen Feuchte und der CM-Feuchte für die untere Hälfte der Probekörper

Der Grenzwert für die Belegreife (nach DIN 18560-1 [1]: 2 % CM-Feuchte für »übliche« unbeheizte Estriche) wird für die untere Hälfte des Estrichs E1 (CEM I 300 kg/m^3, w/z=0,65) nach 56 Tagen erreicht. Zum gleichen Zeitpunkt liegt in diesem Bereich eine mittlere relative Feuchte von ca. 84 % vor.

Die TKB führte im TKB-Bericht 2 aus dem Jahr 2013 [3] aus, dass sich nach dem Kenntnisstand zu jener Zeit »im Bereich der Belegreife bei unbeheizten Estrichen Messwerte unterhalb 75 % rel. LF« einstellen. Geht man davon aus, dass es sich beim Estrich E1 um einen »üblichen« Estrich handelt und daher bei einer CM-Feuchte von 2 % die Belegreife erreicht ist, dann ist der von der TKB genannte Grenzwert von 75 % für den Estrich E1 offensichtlich zu gering angesetzt und damit eher konservativ. Auch nach 84 Tagen im Klima 20 °C/65 % rel. Feuchte liegt die relative Feuchte noch bei ca. 81 %, also 6 % über dem von der TKB vorgeschlagenen Grenzwert, obwohl die CM-Feuchte zu diesem Zeitpunkt mit 1,7 % den Grenzwert für die Belegreife schon deutlich unterschreitet.

Auch die TKB hat inzwischen ausgeführt, dass die in [3] genannten Grenzwerte zu streng sind. Nach der Auswertung von Ringversuchen aus dem Jahr 2018 und 2019 und weiteren Untersuchungen am Institut für Baustoffprüfung und Fußbodenforschung Troisdorf wurde im TKB-Merkblatt 18 (»KRL-Methode – Messung und Beurteilung der Feuchte von mineralischen Estrichen«) aus dem Februar 2021 [8] der Grenzwert für die Belegreife auf 80 % r. F. für unbeheizte Estriche erhöht. Gemäß den vorliegenden Ergebnissen dieses Forschungsvorhabens ist aber auch dieser Wert im Vergleich zu einem CM-Wert von 2,0 % noch etwas zu gering.

Bild 12 zeigt die Gegenüberstellung der Ergebnisse der CM-Messung und der Mittelwerte der beiden Messungen der relativen Feuchte in 4 und 5 cm Tiefe für den Estrich E7 (mit Hochofenzement).

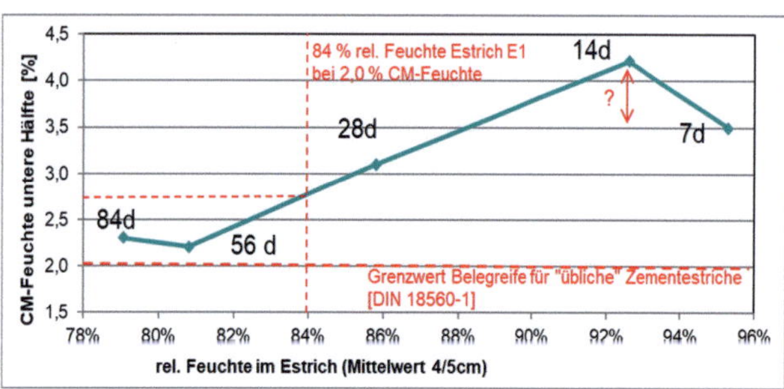

Bild 12 Estrich E7 (CEM III/A 300 kg/m^3, w/z = 0,65): Vergleich der relativen Feuchte und der CM-Feuchte für die untere Hälfte der Probekörper

Beim direkten Vergleich der Trocknungsverläufe des Estrichs E1 (CEM I) mit dem Estrich E7 (CEM III/A) zeigt sich:

- Die Werte für die relative Feuchte des Estrichs E7 (CEM III/A 300 kg/m^3, w/z = 0,65) sind zum gleichen Zeitpunkt geringer als die des Estrichs E1 (CEM I 300 kg/m^3, w/z=0,65). Gleichzeitig sind die Werte der CM-Feuchte beim Estrich mit CEM III/A höher.
- Den Wert von 84 % rel. Feuchte, also den Wert, der beim Estrich E1 (CEM I, w/z = 0,65) dem Grenzwert für die Belegreife (2 % CM-Feuchte) entspricht, erreicht der Estrich E7 (CEM III/A, w/z = 0,65) entsprechend früher als E1. Beim Estrich E7 entspricht dieser Wert einem Wert der CM-Feuchte von ca. 2,7 %. Dies zeigt, dass der CM-Grenzwert für die Belegreife nicht für alle Zementarten einheitlich gewählt werden kann. Die untere Hälfte des Estrichs E7 weist auch nach 84 Tagen noch eine CM-Feuchte von >2 % auf. Der Trocknungsverlauf lässt nicht erwarten, dass dieser Wert mit fortschreitender Trocknung noch deutlich verringert wird.

1.3 Zusammenfassung

Die Ergebnisse der dargestellten Untersuchungen zum Trocknungsverhalten von Zementestrichen lassen sich wie folgt zusammenfassen:

1. Aufgrund ihrer Sorptionsisotherme liegt die absolute Ausgleichsfeuchte von Zementestrichen mit hüttensandhaltigen Zementen höher als die von Estrichen mit Portlandzement oder Portlandkalksteinzement. Bisher typische Grenzwerte für CM-Feuchtegehalte können von Zementestrichen mit hüttensandhaltigen Zementen nicht immer erreicht werden. Soll die absolute (CM-)Feuchte von Zementestrichen auch in Zukunft als Maßstab für die Belegreife herangezogen werden, so sollten in Abhängigkeit von der Zementart unterschiedliche Grenzwerte festgelegt werden.
2. Es konnte gezeigt werden, dass die relative Baustofffeuchte von Estrichen mit hüttensandhaltigen Zementen nach gleichen Trocknungszeiträumen ähnlich hoch oder sogar etwas geringer war als die von Estrichen mit Portlandzement oder Portlandkalksteinzementen. Dies belegt, dass keine Notwendigkeit besteht, die Anwendung solcher Estriche einzuschränken.
3. Die Messung der relativen Feuchte von Estrichen erscheint gut geeignet, zu beurteilen, ob die Belegreife eines Zementestrichs erreicht ist. Insbesondere die Ermittlung der relativen Baustofffeuchte über in den Estrich eingebrachte Messhülsen erwies sich als praktikabel und lieferte

plausible und reproduzierbare Ergebnisse. Tabelle 2 stellt die CM-Messung und die Messung der relativen Feuchte in Messhülsen vergleichend gegenüber. Geeignete Grenzwerte für die Belegreife sind festzulegen. Die bisher von der Technischen Kommission Bauklebstoffe (TKB) im Industrieverband Klebstoffe e. V. Düsseldorf vorgeschlagenen Werte erscheinen zu konservativ.

Tabelle 2 Gegenüberstellung der CM-Messung und der Messung der relativen Baustofffeuchte über in den Estrich eingebrachte Messhülsen

CM-Messung	Relative Feuchte (Messhülsen)
relativ aufwendige Probenahme und Versuchsdurchführung; die Gewinnung einer nicht repräsentativen Probe verfälscht das Versuchsergebnis	Aus baupraktischer Sicht ist die Herstellung von Bohrlöchern einfacher als die Probenahme für CM- oder Darrprüfung.
ein Messwert pro Probenahme	Am gleichen Bohrloch kann die Feuchte mehrfach zu verschiedenen Zeitpunkten gemessen werden.
geeignet, um die mittlere Feuchte eines Estrichs zu bestimmen	Aussage über Feuchteverteilung über die Höhe des Estrichs möglich.
	Messergebnis berücksichtigt unterschiedliche Sorptionsisothermen/Gleichgewichtsfeuchten verschiedener Estrichzusammensetzungen.
regelmäßige Überprüfung des Manometers (z. B. mit Referenzmaterial)	Überprüfung der Sonden in kurzen Zeitintervallen erforderlich
weitgehend temperaturunabhängig	Berücksichtigung der Temperatur bei der Auswertung erforderlich

2 Literaturreferenzen

[1] DIN EN 18560-1 2015-11 Estriche im Bauwesen – Teil 1: Allgemeine Anforderungen, Prüfung und Ausführung

[2] NT Build 490 1999-11 Hardened Concrete – self desiccation

[3] Technische Kommission Bauklebstoffe (TKB) im Industrieverband Klebstoffe e. V.: Belegreife und Feuchte: Die KRL-Methode zur Bestimmung der Feuchte in Estrichen; Stand Juli 2013. Düsseldorf, 2013

[4] BS 8203 2017-03 Code of practice for installation of resilient floor coverings

[5] NT build 439 1995-11 Hardened concrete – relative humidity measured in drilled holes

[6] ASTM F 2170 2019. Standard test method for determining relative humidity in concrete floor slabs using in situ probes

[7] Erning, O.; Limp, W. So messen Sie die Restfeuchte: CM-Messung. Fliesen und Platten (2007), Nr. 8

[8] Technische Kommission Bauklebstoffe (TKB) im Industrieverband Klebstoffe e. V.: KRL-Methode – Messung und Beurteilung der Feuchte von mineralischen Estrichen. Stand Februar 2021. Düsseldorf, Selbstverlag 2021 (TKB-Merkblatt; 18)

Gefördert durch:

aufgrund eines Beschlusses des Deutschen Bundestages

Das IGF-Vorhaben 19822N der VDZ Technology gGmbH, Toulouser Allee 71, 40476 Düsseldorf wurde über die AiF im Rahmen des Programms zur Förderung der industriellen Gemeinschaftsforschung (IGF) vom Bundesministerium für Wirtschaft und Energie aufgrund eines Beschlusses des Deutschen Bundestages gefördert.

Die Autoren

Jochen Reiners

- Dipl.-Ing.
- Oberingenieur, Betontechnik
- VDZ Technology gGmbH
  40476 Düsseldorf
  E-Mail: jochen.reiners@vdz-online.de
  www.vdz-online.de

Co-Autor Dr. Christoph Müller

- Geschäftsführer, VDZ Technology gGmbH
- Abteilungsleiter Betontechnik
- Mitglied in nationalen und internationalen Normungsgremien des Betonbaus

Großschaden mit Haftbrücken und Gipswandputz

Was können Haftbrücken wirklich – wer übernimmt die Haftung? Welche Anforderungen müssen Innenputze erfüllen – nagelfest, blickfest oder mehr?

Kerrin Lessel

Kurzfassung: Im Zuge der Errichtung eines öffentlichen Gebäudekomplexes kam es zu Haftungsstörungen des frisch aufgebrachten Gipswandputzes mit einem Ausmaß von ca. 15.000 m². Was zunächst wie ein »normaler Gipsputzschaden« infolge der Kombination von zu hoher Feuchte der Betonwände mit ungeeigneter Putzhaftbrücke erschien, führte im Verlauf der Erhebungen durch ein Team aus Sachverständigen und Prüflabors zu erstaunlichen Erkenntnissen über die Eigenschaften des verwendeten Gipsputzes.

Schlagwörter: Putzhaftbrücken; Gipsputz; Betonfeuchte; Anforderungen an Innenputze; Gipskristallgefüge; Angaben in Produktdatenblättern; Materialprüfung; Prüflabor; Rasterelektronenmikroskopie

1 Allgemeines und Schadenshergang

Im Zeitraum 2019 / 2020 wurde durch einen Generalunternehmer ein öffentlicher Gebäudekomplex mit hoher Verkehrsbelastung errichtet. Als Wandbildner für die massiven Wände kam hauptsächlich Ortbeton zum Einsatz. Die Wände wurden im Zeitraum Frühjahr bis Sommer mit einem Gipskalkputz als Innenputz verputzt – insgesamt ca. 15.000 m².

Noch vor Fertigstellung der Innenputzarbeiten und sogar noch vor dem Einbau des Estrichs (!) kam es zum Spontanabsturz von Putzteilen, als der Putz durch die Montage von Befestigungsschienen punktuell mechanisch belastet wurde.

Der vom Generalunternehmer beigezogene Sachverständige stellte im Zuge mehrerer Bauteilöffnungen folgendes – eher ungewöhnliche – Schadensbild fest:

Der Putz erschien oberflächlich fest und wies beim Überstreichen mit einem Resonanztaster keinen Hohlklang auf. Sobald jedoch eine mechanische Belastung – zum Beispiel durch Bohren oder Stemmen – auf den Putz einwirkte, verlor dieser die Haftung am Wandbildner und löste sich spontan ab bzw. ließ sich ohne Kraftaufwand entfernen!

Die Putzscherben selbst zeigten im Inneren nur geringe Festigkeit.

Die beste Putzhaftung wurde an jenen Wandteilen beobachtet, die während der Bauzeit nachweislich durchfeuchtet waren bzw. länger feucht waren!

Bild 1 Putzabsturz nach Stemmtest durch Herstellen eines Schlitzes im Gipswandputz ([Foto aus [3])

2 Untersuchungen zur Schadenursachenfeststellung

Zunächst wurde der Putzhersteller hinzugezogen, der eine Schädigung der Putzhaftung durch zu hohe Restfeuchte des Betonwandbildners in Kombination mit schlechten Austrocknungsbedingungen sowie der Verwendung einer – eventuell ungeeigneten – »Wettbewerbshaftbrücke« postulierte.

Aufgrund des ungewöhnlichen Schadensbilds und des Schadensumfangs wurden durch den Sachverständigen im Auftrag des Generalunternehmers diverse Materialproben entnommen und nachstehend angeführte labortechnische Untersuchungen veranlasst:

- Bestimmung der Feuchte des Betonwandbildners mittels Darrmethode,
- Prüfung der Putzdruckfestigkeit an Gipsputz-Werktrockenmörtelproben,
- mineralogische Untersuchungen an Ausbauproben des Gipsputzes, des Wandbetons sowie von Laborprüfkörpern des Werktrockenmörtels.

Weiterhin wurden Erhebungen zu den verwendeten Haftbrücken durchgeführt.

2.1 Feuchte des Betonwandbildners

An den entnommenen Betonproben wurde die Feuchte mittels Darrmethode in zwei Tiefenstufen bestimmt.

Dabei wurde festgestellt, dass <u>in den oberflächennahen Wandbereichen 0 bis 1,5 cm Restfeuchten zwischen 2,6 Masse-% (in Ordnung) und 4,2 Masse-% (zu feucht)</u> vorlagen. Die tieferen Wandbereiche 1,5 bis 3 cm wiesen Feuchtegehalte zwischen 3,3 und 6,2 Masse-% auf.

2.2 Putzdruckfestigkeit [1]

Durch ein Prüfinstitut wurde die Druckfestigkeit des verwendeten Gipsputzes gemäß EN 13279-2 geprüft. Hierbei wurde zunächst festgestellt, dass bei Zugabe der im technischen Merkblatt des gegenständlichen Putzes angegebenen Wassermenge der Putz eine sehr flüssige, nicht verarbeitungsfähige Konsistenz aufwies! Daher wurden Prüfkörper mit unterschiedlichen Wassermengen hergestellt. Die Prüfungen an den normgemäß gelagerten Prüfkörpern ergaben, dass die Druck- und Biegezugfestigkeiten des Putzes mit abnehmender Wassermenge zunahmen. Die in verarbeitungsgerechter Konsistenz hergestellten Prüfkörper erreichten Druckfestigkeiten von 1,0 N/mm^2 (Siloware) bzw. 1,2 N/mm^2 (Sackware) und Biegezugfestigkeiten von 0,6 N/mm^2.

Diese Putzdruckfestigkeit lag nur geringfügig über der an Ausbauproben des Putzes ermittelten Druckfestigkeit.

2.3 Haftbrücken

Im Zuge der Innenputzarbeiten wurden offenbar drei unterschiedliche Putzhaftbrücken, darunter auch das Eigenprodukt des Putzherstellers verwendet.

Da alle drei Putzhaftbrücken rot eingefärbt waren und Quarzsand als Zuschlag enthielten, konnte nachträglich nicht mehr eindeutig festgestellt werden, welche Haftbrücke in welchen Gebäudeteilen verwendet worden war.

Alle diese Haftbrücken sind jedoch Produkte auf der Basis von Kunstharzdispersionen, die durch Verfilmung, das heißt durch Trocknung, erhärten.

Vor allem im Frühstadium sind die Haftbrücken daher auch alle wasserlöslich. Vertiefte Untersuchungen zeigten, dass augenscheinlich gleichartig aussehende Haftbrücken in Bezug auf Trocknungsverhalten und Wasserlöslichkeit große Unterschiede aufweisen können!

Daher wird von Putzherstellern üblicherweise jede Mitverantwortung im Schadenfall abgelehnt, wenn vom Putzunternehmer eine »systemfremde« Haftbrücke verwendet wurde.

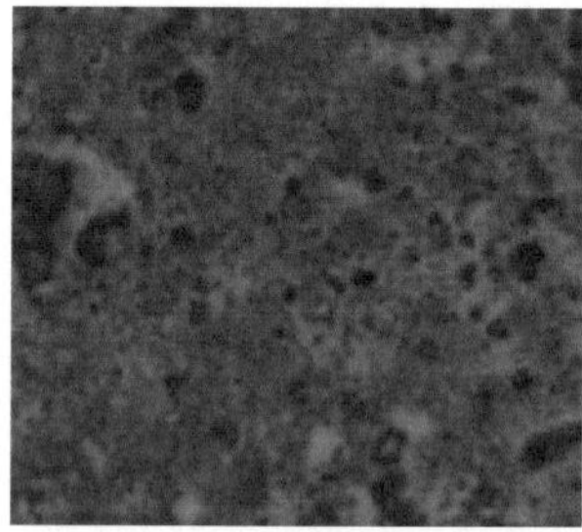

Bild 2 Haftbrücke mit Putzresten am Beton

Bild 3 Putzrückseite ohne Haftbrückenreste

Werden Haftbrücken zu früh beschichtet, kann es zu Haftungsstörungen des Putzes kommen, weil durch das Anmachwasser des Putzes die Haftbrücke »wieder aufgelöst« wird. Typischerweise erfolgt in diesem Fall das Haftversagen innerhalb der Haftbrücke, das heißt, dass sowohl am Wandbildner als auch an der Rückseite der abgelösten Putzscherben Reste der Haftbrücke verbleiben.

Jedoch erfolgte beim gegenständlichen Schaden die Ablösung des Putzes von der Haftbrücke in der Kontaktschicht des Putzes, das heißt, das Haftversagen trat im Putz auf (Lichtmikroskopie).

2.4 Chemische und mineralogische Untersuchungen [2] + [3]

Zunächst wurde festgestellt, dass die untersuchten Proben – sowohl Ausbauproben als auch Werktrockenmörtel – hohe Gehalte an Kalziumsulfat (»Gips«) zwischen 63 und 80 Masse-% aufwiesen. Die mineralogische Phasenanalyse ergab jedoch, dass es sich dabei nur ca. zur Hälfte um reaktionsfähigen Gips und zur anderen Hälfte um Anhydrit (»totgebrannten Gips«) handelt, der keinen Beitrag zur Festigkeit liefert, da er nicht mit dem Anmachwasser reagiert. Dennoch enthielt der Putz reaktiven Gips in einer für derartige Produkte üblichen Menge.

Untersuchungen mittels Rasterelektronenmikroskop (REM) zeigten jedoch Überraschendes: die bei einem Gipsputz typischerweise zu erwartende »Vernadelung« der Gipskristalle war an den Ablösungsflächen des Putzes gar nicht und im Putzinneren kaum vorhanden!

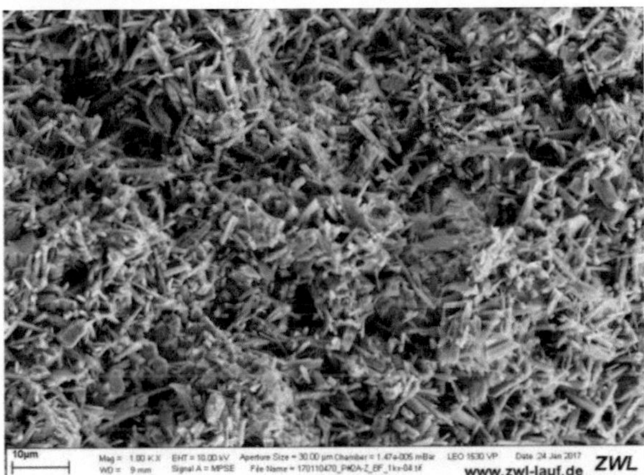

Bild 4 Beispiel für vernadeltes Gefüge eines Gips-Kalk-Putzes (REM 1.000-fache Vergrößerung) [Quelle: ZWL]

Stattdessen wurden ungewöhnlich große nadelförmige Gipskristalle vorgefunden, die zwar mit dem Anmachwasser reagiert hatten, jedoch nicht bzw. kaum »verfilzt« waren, das heißt kein festigkeitsgebendes Kristallgefüge aufgebaut hatten.

Bild 5 Putzinneres: große Gipsnadeln mit nur schwacher »Verfilzung« – poröses Gefüge (REM 1.000-fache Vergrößerung) [Quelle: ZWL]

Zudem wurde in einigen der Ausbauproben ein ungewöhnlich inhomogenes Gefüge des Gipsputzes vorgefunden.

3 Schadensursache(n)

3.1 Interpretation der materialtechnologischen Untersuchungen

Der Putz löste sich, wie lichtmikroskopisch sichtbar, ohne anhaftende Rückstände der Haftbrücke ab, während an der Haftbrücke deutlich sichtbar eine Putzkontaktschicht verblieb. Das bedeutet, dass die Putzhaftung zunächst gegeben war – ein Verarbeitungsfehler beim Putzauftrag kann ausgeschlossen werden.

Da der Schaden großflächig an mit unterschiedlichen Haftbrücken grundierten Wänden eingetreten ist, kann auch eine ungeeignete Haftbrücke als Schadensursache ausgeschlossen werden.

Die Haftbrücken waren überwiegend vollflächig aufgetragen und gut verfilmt.

Ebenfalls ist die – gegebenenfalls zu hohe – Restfeuchte des Betonwandbildners nicht die primär kausale Schadensursache, da einerseits das Schadensbild in den feuchten Wandbereichen schwächer ausgeprägt war, andererseits im Fall der »Auflösung« der Putzhaftung durch zu hohe Untergrundfeuchte das Gipskristallgefüge rasterelektronenmikroskopisch entsprechende Anlösungs- und Umkristallisationsspuren gezeigt hätte.

Auch ungünstige Abbindebedingungen, wie zum Beispiel zu niedrige Temperaturen, konnten ausgeschlossen werden, da die mineralogische Untersuchung von im Labor hergestellten Prüfkörpern ein ähnliches Gefüge wie jenes der Ausbauproben ergab.

Vielmehr waren die Abbindeeigenschaften des gegenständlichen Putzes aus technischer Sicht schadenskausal: Das Gipsbindemittel reagierte zwar mit dem Anmachwasser, entwickelte jedoch das gipsputztypische Kristallgefüge nicht bzw. kaum. Das erklärt die geringe Eigenfestigkeit des Putzes.

Zusätzliche Belastungen, zum Beispiel durch Spannungen aus Trocknungsvorgängen oder mechanische Belastungen führten zum Versagen der von Anfang an nur geringen Haftung des Putzes am Wandbildner.

Entsprechend den durchgeführten Untersuchungen handelt es sich beim oben beschriebenen Abbindemechanismus und der im Ergebnis entstehenden geringen Eigenfestigkeit des Putzes nicht um einen Produktmangel, sondern um eine typische Eigenschaft dieses Putzes!

Aus materialtechnologischer Sicht ist ein derartiger Putz als nicht gebrauchstauglich einzustufen.

3.2 Erhebungen zu den bedungenen Eigenschaften des Putzes

Laut Produktdatenblatt hat der gegenständliche Putz folgende Eigenschaften:

Eigenschaften und Mehrwert

- Gipsputz-Trockenmörtel C4/20 gemäß EN 13279-1
- Für innen
- Mineralisch
- Filzbar, Körnung 1,2 mm
- Schafft behagliches und wohngesundes Raumklima
- Feuchtigkeitsregulierend und diffusionsoffen
- Abrieb- und nagelfest
- Maschinelle und manuelle Verarbeitung

Bild 6 Auszug aus dem Produktdatenblatt

Der Putzhersteller gibt im Produktdatenblatt weiterhin zumAnwendungsbereich des Putzes an:

Anwendungsbereich

Herstellung gefilzter, frei strukturierter oder abgezogener Oberflächen an Innenwänden und -decken. Als Einlagenputz für alle Mauerwerksarten, Beton sowie tragfähige Putzuntergründe.

- Vom Keller bis zum Dach für alle Räume mit üblicher Luftfeuchtigkeit einschließlich Küchen und Bäder mit haushaltsüblicher Nutzung (z. B. WC in Schulen, Bäder in Hotels, Krankenhäusern, Alten- und Pflegeheimen)
- Als Untergrund für nachfolgende Anstriche
- Zur Herstellung von Oberflächen in den Qualitätsstufen
  - Q2 bis Q3 gefilzt
  - Q1 bis Q3 abgezogen

Bild 7 Auszug aus dem Produktdatenblatt

Des Rätsels Lösung: Der Putz wird zwar als *»nagelfest«* beworben und eignet sich *»… für alle Räume vom Keller bis zum Dach einschließlich Küchen und Bäder … in Schulen, Hotels, Krankenhäusern …«* darf jedoch nachfolgend nur mit einem Anstrich beschichtet werden, denn:

Es handelt sich gemäß DIN EN 13279-1 um einen Putz der Mörtelgruppe C4/20, das heißt einen Wärmedämmputz-Gips-Trockenmörtel, an den, abgesehen von einem Versteifungsbeginn > 20 min, keine Anforderungen, zum Beispiel hinsichtlich Druckfestigkeit, gestellt werden!

Anmerkung: Bei einer Mindestputzstärke von 8 mm wie hier ausgeführt sind vom gegenständlichen Putz auch keine signifikanten wärmedämmenden Eigenschaften zu erwarten.

4 Literaturreferenzen

[1] Sachverständige der Materialprüfungs- und Versuchsanstalt Neuwied GmbH, Prüfbericht Nr. 6-54/0284/21

[2] Zentrum für Werkstoffanalytik Lauf, Prüfbefund Nr. 200916550

[3] Dr. Lessel Baustoffanalytik GmbH & Co. KG, Prüfbericht Nr. 23/ 2020

5 Normen

- DIN-EN 13279-1/2014-03 Gipsbinder und Gips-Trockenmörtel – Teil 1: Begriffe und Anforderungen
- DIN-EN 13279-2/2014-03 Gipsbinder und Gips-Trockenmörtel – Teil 2: Prüfverfahren

Die Autorin

Dr. Kerrin Lessel

- Studium der Geophysik und Promotion, Universitäten Bergakademie Freiberg, KMU Leipzig, LMU München, FU Berlin
- Geophysikerin/Südamerika
- Laborleiterin/Technische Leiterin in der Baustoffindustrie
- allgemein beeidete und gerichtlich zertifizierte (a.b.g.z.) Sachverständige für Verputzarbeiten, Herstellung von Wärmedämm-Verbundsystemen, mineralische Baustoffe mit Baustoffanalytik-Labor
- Dr. Lessel Baustoffanalytik GmbH & Co. KG
  4820 Bad Ischl
  office@dr-lessel.at

Brandschutz bei der Bestandssanierung

Wie vermeidet man Fehler bei Putz, Trockenbau und Dämmung?

Gerd Geburtig

Kurzfassung: Die wesentliche Auswirkung des wichtigen Urteils des EuGH des Jahres 2014 [1] war eine umfassende Veränderung im Umgang mit Bauprodukten in der Bundesrepublik Deutschland. Der Beitrag beleuchtet, wie umfassend diese Veränderung war und welche Auswirkungen diese beim Brandschutz von bestehenden Gebäuden insbesondere bei Putz-, Trockenbau- und Dämmarbeiten hat.
Ausgehend von den aktuellen Regelungen der MUSTER-VERWALTUNGSVORSCHRIFT TECHNISCHE BAUBESTIMMUNGEN (MVV TB) [2], die während der wesentlichen Veränderungen des Bauprodukterechts in Deutschland entstand, werden spezifische »Knackpunkte« der Regelungen für die Anwendung von Bauarten und Bauprodukten bei der Bestandssanierung analysiert. Dabei wird auch herausgearbeitet, dass verschiedentlich mit den Vorgaben in der MVV TB doch nicht nur sogenannte Konkretisierungen des in den Vorschriften des Bauordnungsrechts zumeist verbal formulierten Anforderungsniveaus erfolgen, wie seitens der ARGEBAU und des DIBt angeführt, sondern mitunter auch eigentlich unzulässige Verschärfungen.
Darüber hinaus werden Hilfestellungen für notwendige Abweichungen von den Technischen Baubestimmungen beim angemessenen Umgang mit dem Bestand gegeben.

Schlagwörter: Abweichungen; Brandschutz; Bauarten; Bauprodukte; MVV TB; Technische Baubestimmungen

1 Der Weg zu Technischen Baubestimmungen des Brandschutzes in Deutschland

1.1 Ein Blick auf die Historie

Während die **ersten technischen Baubestimmungen** in Deutschland, wie sie heute bekannt sind, von der sächsischen Stadt Chemnitz in Form der VORSCHRIFTEN FÜR BERECHNUNG, LASTANNAHMEN UND ZULÄSSIGE SPANNUNGEN im Jahr 1885 herausgegeben worden waren [3] und danach am 16. Mai 1890 die ersten preußischen Baubestimmungen zur statischen Berechnung von Hochbaukonstruktionen [4] erlassen wurden, vergingen noch etliche Jahre, bis die ersten nachzuweisenden **baupolizeilichen Bestimmungen für den Brandschutz** veröffentlicht wurden. Weil zur damaligen Zeit die Auffassungen darüber zu weit auseinandergingen, wie die brandschutztechnischen Eigenschaften von Bauteilen zu systematisieren seien, und auch bautechnische Normen im heutigen Sinne zu diesem Zeitpunkt noch nicht verfügbar waren, mussten zunächst erst grundlegende Vereinbarungen darüber getroffen werden, welche bauaufsichtlichen Benennungen geeignet sind und welche brandschutztechnischen Eigenschaften diesen zugeordnet werden sollten.
Bereits seit der Jahrhundertwende zum 20. Jahrhundert bemühte man sich im Deutschen Reich, die oft differierenden Technischen Baupolizeibestimmungen zu vereinheitlichen. Dazu wurde zunächst mit der Zusammenarbeit von höheren Baupolizeibeamten sowie Vertretern aus Bauwirtschaft und Wissenschaft begonnen. Dieses gemeinsame Bestreben fand im Jahr 1910 in der Bildung der VEREINIGUNG DER HÖHEREN TECHNISCHEN BAUPOLIZEIBEAMTEN seinen Niederschlag. Im Jahr 1917 trat diese Vereinigung auch dem o. g. NORMENAUSSCHUß DER DEUTSCHEN INDUSTRIE (NDI) bei. Dort erhielt die Vereinigung der Baupolizeibeamten nach dem Ende des Ersten Weltkrieges

den Auftrag, einen eigenen Arbeitsausschuss zur Erarbeitung einheitlicher Technischer Baupolizeibestimmungen zusammenzusetzen. Diesem Ausschuss traten sowohl Vertreter der Bauaufsichtsbehörden der deutschen Länder und der Materialprüfungsämter als auch der technischen-wissenschaftlichen Vereine und der bauwirtschaftlichen Verbände bei; er konstituierte sich am 9. Dezember 1919 und erhielt den Namen Ausschuß für Einheitliche Baupolizeibestimmungen im Normenausschuss, der heute als ETB-Ausschuss weithin in der Branche bekannt ist.

Mit der Einführung der neuen Einheitsbauordnung im Jahr 1919 in Preußen – und damit dem größten Teil Deutschlands – waren zugleich die vereinheitlichenden bauaufsichtlichen Anforderungsniveaus feuerhemmend und feuerbeständig vereinbart worden, für die allerdings noch keine konkreten technischen Anforderungen festgelegt waren. Das führte in den folgenden Jahren zu erheblichen Auseinandersetzungen hinsichtlich der Auslegung der dafür notwendigen Eigenschaften. Deswegen erließ das Preußische Ministerium für Volkswohlfahrt am 12. März 1925 Baupolizeiliche Bestimmungen über Feuerschutz (feuerbeständige und feuerhemmende Bauweisen) [5], die als erste Technische Baubestimmung des Brandschutzes gelten. Aber auch dieser Erlass – wenig umfangreich und vor allem hinsichtlich der feuerbeständigen Bauweisen noch reichlich lückenhaft – löste das Dilemma der richtigen Zuordnung technischer Eigenschaften zu den bauaufsichtlichen Anforderungen nicht ausreichend, sodass man seit dem Jahr 1928 begann, eine entsprechende Norm für den Brandschutz zu erarbeiten.

Nach der Veröffentlichung der **ersten Fassung der DIN 4102 zum August 1934** löste diese den bis dahin geltenden o. g. Erlass vom März 1925 ab und wurde in allen damaligen deutschen Ländern baupolizeilich eingeführt. Die Norm DIN 4102 widmete sich in der vorliegenden Form das erste Mal in dieser umfangreichen Form der Widerstandsfähigkeit von Bauteilen gegen Feuer und Wärme. Es wurden die brandschutztechnischen Eigenschaften von Baustoffen und Bauteilen und die dazugehörigen Prüfverfahren beschrieben.

Dem Einführungserlass des Preußischen Finanzministers zur DIN 4102 ist wie folgt zu entnehmen:

> *»Über die Widerstandsfähigkeit von Baustoffen und Bauteilen gegen Feuer und Wärme sind neue Bestimmungen aufgestellt worden. Sie entsprechen im Allgemeinen den vom Deutschen Normenausschuß (Ausschuß für einheitliche technische Baupolizeibestimmungen) ausgearbeiteten gleichbezeichneten Vorschriften (DIN 4102 Blatt 1 – 3). Die neuen Bestimmungen werden in den Amtsblättern bekanntgegeben und gelten damit unter Aufhebung des Rerl. des ehem. Ministers für Volkswohlfahrt vom 12. März 1925 ... mit Wirkung vom 1. Oktober d. J. im Sinne als Vorschriften des § 10 der nach der Einheitsbauordnung aufgestellten Bauordnungen. Bei Neuaufstellung, Ergänzung oder Änderungen von Bauordnungen sind die für Baustoffe und Bauteile eingeführten neuen Begriffsbezeichnungen, soweit sie eine Änderung erfahren haben bzw. neu eingeführt sind, anzuwenden.« [6]*

1.2 Die heutigen Regelungen des Brandschutzes in der MVV TB

Diesem Weg folgend gibt es auch heute noch in der Bundesrepublik Deutschland verbale bauordnungsrechtliche Anforderungen in den Landesbauordnungen sowie den Sonderbauverordnungen bzw. -richtlinien auf der einen und Technische Baubestimmungen auf der anderen Seite, mit denen das entsprechende Anforderungsniveau sowohl für Neubauten als auch für Sanierungen bestehender baulicher Anlagen technisch konkretisiert wird. Dabei bilden seit 1934 insbesondere **Normen die wesentlichen Teile der Technischen Baubestimmungen** (siehe Bild 1).

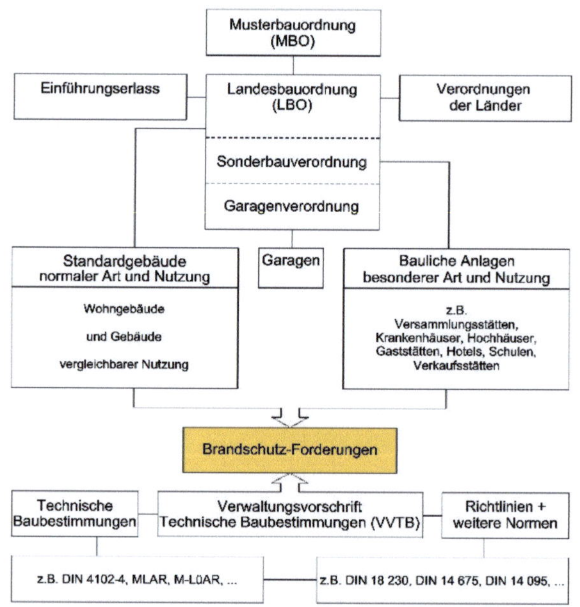

Bild 1 Bauordnungsrechtliche Anforderungen und die Umsetzung durch Technische Baubestimmungen [7]

Hinsichtlich des Brandschutzes befinden sich die Technischen Baubestimmungen im Teil A2 der seit dem Jahr 2017 vom Deutschen Institut für Bautechnik (DIBt) im Einvernehmen mit den obersten Bauaufsichtsbehörden der Länder veröffentlichten Mus-

TER-VERWALTUNGSVORSCHRIFT TECHNISCHE BAUBESTIMMUNGEN (MVV TB), welche die Länder eigenständig ins Landesrecht umsetzen (siehe Bild 2).

Bild 2 Zur Drucklegung des Beitrags geltende MVV TB, Stand: 4. März 2022

Wesentliche Bestandteile der **Technischen Baubestimmungen für den Brandschutz** sind dabei zunächst allgemeine Anforderungen an bauliche Anlagen aus Gründen des Brandschutzes, Anforderungen an das Brandverhalten und die an die Feuerwiderstandsfähigkeit von Teilen baulicher Anlagen, an die Standsicherheit im Brandfall, an die einzelnen Bauteile wie Trenn- und Brandwände sowie technische Anlagen. Darüber hinaus enthält der **Teil A2** Technische Anforderungen hinsichtlich Planung, Bemessung und Ausführung sowie **Technische Anforderungen an Bauteile gemäß § 85a Abs. 2 MBO** sowie Technische Regeln für Garagen und Sonderbauten. Völlig unnötig wurde in Bezug auf die letztgenannten technischen Regeln eine Fußnote 2) geschaffen, die Folgendes besagt:

> *»Für bauordnungsrechtliche Anforderungen in dieser Technischen Baubestimmung ist eine Abweichung nach § 85a Abs. 1 Satz 3 MBO ausgeschlossen; eine Abweichung von bauordnungsrechtlichen Anforderungen kommt nur nach § 67 MBO in Betracht. § 16a Abs. 2 und § 17 Abs. 1 MBO bleiben unberührt.«* [8]

Insbesondere diese neue, die Sanierung von Gebäuden behindernde Regelung verschärft die bauordnungsrechtlichen Anforderungen nachträglich und erschwert die moderne, schutzzielorientierte Denkweise des Brandschutzes; denn anstatt einer einfachen Abweichung nach § 85a (1) MBO ist in den Fällen der Fußnote 2) eine gesonderte Abweichung nach § 67 MBO erforderlich, vor der sich nicht selten die den Brandschutznachweis prüfenden Stellen scheuen; Näheres wird dazu noch im Kapitel »Mögliches Abweichen« dieses Beitrags erläutert. Es sei hier nur darauf hingewiesen, dass es hinsichtlich der Technischen Regeln für die mechanische Festigkeit und Standsicherheit in der MVV TB eine derartige Restriktion nicht gibt.

Für die **richtige Ausführung der Bauarbeiten aus brandschutztechnischer Sicht**, insbesondere bei Putz-, Trockenbau- und Dämmarbeiten, ist es unbedingt notwendig, die **Struktur der MVV TB** selbst (siehe Bild 3) und die für die Anwendung der Bauarten und Bauprodukte dazu maßgeblichen Anhänge (siehe Bild 4) zu kennen, denn neben den eigentlichen Regelungen der MVV TB umfasst diese noch **17 Anhänge**, von denen fünf, zum Teil sehr umfangreiche, den Brandschutz betreffen.

Inhaltsverzeichnis

Vorbemerkungen		6
A	**Technische Baubestimmungen, die bei der Erfüllung der Grundanforderungen an Bauwerke zu beachten sind**	
A 1	Mechanische Festigkeit und Standsicherheit	10
A 2	Brandschutz	36
A 3	Hygiene, Gesundheit und Umweltschutz	55
A 4	Sicherheit und Barrierefreiheit bei der Nutzung	57
A 5	Schallschutz	60
A 6	Wärmeschutz	63
B	**Technische Baubestimmungen für Bauteile und Sonderkonstruktionen, die zusätzlich zu den in Teil A aufgeführten Technischen Baubestimmungen zu beachten sind**	
B 1	Allgemeines	70
B 2	Technische Regelungen für Sonderkonstruktionen und Bauteile gem. § 85a Abs. 2 MBO1	70
B 3	Technische Gebäudeausrüstungen und Teile von Anlagen zum Lagern, Abfüllen und Umschlagen von wassergefährdenden Stoffen, die die CE-Kennzeichnung nicht nach der Bauproduktenverordnung tragen	81
B 4	Bauprodukte und Bauarten, die Anforderungen nach anderen Rechtsvorschriften unterliegen, für die nach § 85 Abs. 4 a MBO1 eine Rechtsverordnung erlassen wurde	88
C	**Technische Baubestimmungen für Bauprodukte, die nicht die CE-Kennzeichnung tragen, und für Bauarten**	
C 1	Allgemeines	92
C 2	Voraussetzungen zur Abgabe der Übereinstimmungserklärung für Bauprodukte nach § 22 MBO1	94
C 3	Bauprodukte, die nur eines allgemeinen bauaufsichtlichen Prüfzeugnisses nach § 19 Absatz 1 Satz 2 MBO1 bedürfen	133
C 4	Bauarten, die nur eines allgemeinen bauaufsichtlichen Prüfzeugnisses nach § 16a Absatz 3 MBO1 bedürfen	139
D	**Bauprodukte, die keines Verwendbarkeitsnachweises bedürfen**	
D 1	Allgemeines	148
D 2	Liste nach § 85a Abs. 4 MBO1	148
D 3	Technische Dokumentation nach § 85a Abs. 2 Nr. 6 MBO1	152

Bild 3 Struktur der MVV TB, Stand: März 2022

Anhänge

Anhang 1 zu Lfd. Nr. A 1.2.3.7	Anforderungen an Planung, Bemessung und Ausführung von nachträglichen Bewehrungsanschlüssen mit eingemörtelten Bewehrungsstäben; Stand: Mai 2020	154
Anhang 2 zu Lfd. Nr. A 1.2.3.8	Anforderungen an Planung, Bemessung und Ausführung von Verankerungen in Beton mit einbetonierten oder nachträglich gesetzten Befestigungsmitteln; Stand: Mai 2020	164
Anhang 3 zu Lfd. Nr. A 1.2.6.3	Anforderungen an Planung, Bemessung und Ausführung von Verankerungen in Mauerwerk mit nachträglich gesetzten Befestigungsmitteln; Stand: Mai 2020	167
Anhang 4 zu Lfd. Nr. A 2.2.1.2	Bauaufsichtliche Anforderungen, Zuordnung der Klassen, Verwendung von Bauprodukten, Anwendung von Bauarten; Stand: Mai 2019, Änderungen vom Januar 2021	170
Anhang 5 zu Lfd. Nr. A 2.2.1.5	WDVS mit EPS, Sockelbrandprüfverfahren; Stand: Juni 2016	203
Anhang 6 zu Lfd. Nr. A 2.2.1.6	Hinterlüftete Außenwandbekleidungen; Stand: Juni 2016	208
Anhang 7	Anforderungen an Feststellanlagen; Stand: Juli 2017 – gestrichen in der MVV TB 2019/1	
Anhang 8 zu Lfd. Nr. A 3.2.1	Anforderungen an bauliche Anlagen bezüglich des Gesundheitsschutzes (ABG); Stand: August 2020	212
Anhang 9 zu Lfd. Nr. A 3.2.2	Textile Bodenbeläge; Stand: August 2020	228
Anhang 10 zu Lfd. Nr. A 3.2.3	Anforderungen an bauliche Anlagen bezüglich der Auswirkungen auf Boden und Gewässer (ABuG); Stand: August 2020	236
Anhang 11 zu Lfd. Nr. B 2.2.1.5	WDVS mit ETA nach ETAG 004; Stand: Mai 2019	257
Anhang 12 zu Lfd. Nr. B 2.2.1.6	Anwendungsregeln für nicht lasttragende verlorene Schalungsbausätze/-systeme und Schalungssteine für die Erstellung von Ortbeton-Wänden; Stand: Mai 2019	264
Anhang 13 zu Lfd. Nr. C 2.8.1	Richtlinie über Rollladenkästen (RokR); Stand: November 2019	274
Anhang 14 zu Lfd. Nr. A 2.2.1.16	Technische Regel Technische Gebäudeausrüstung – TR TGA; Stand: Mai 2019	277
Anhang 15 zu Lfd. Nr. B 2.2.5	Produkte für die Abdichtung von Bauwerken – Mindestens erforderliche Leistungen; Stand: November 2019	317
Anhang 16 zu Lfd. Nr. A 3.2.5	Richtlinie für die Bewertung und Sanierung schwach gebundener Asbestprodukte in Gebäuden (Asbest-Richtlinie); Stand: November 2020	327
Anhang 17 zu Lfd. Nr. C 2.15.12	Richtlinie über die Anforderungen an Auffangwannen aus Stahl mit einem Auffangvolumen bis 1000 Liter (StawaR); Stand: September 2020	337

Bild 4 Anhänge der MVV TB, Stand: März 2022

1.3 Technische Baubestimmungen des Brandschutzes als »Stellschraube« des bauordnungsrechtlichen Anforderungsniveaus

In den **Teilen B bis D der MVV TB** sind dann **Technische Baubestimmungen für Bauteile, Sonderkonstruktionen, Bauprodukte und Bauarten mit und ohne CE-Kennzeichnung** enthalten. Diese Technischen Baubestimmungen enthalten überwiegend eine Vielzahl von nationalen und europäischen zum Teil bereits harmonisierten Normen, die vor allem durch die Hersteller beeinflusst sind. Eine Vielzahl der in der MVV TB enthaltenen Technischen Regeln wird von Prüfinstituten und der betreffenden Industrie geprägt, wodurch der Staat das Bestimmen des Anforderungsniveaus streng genommen aus der Hand gegeben hat und sich dabei auf die vorgenannten Beteiligten beinahe »blind« verlässt. Deswegen mag es dann nicht verwundern, dass die betreffenden Regelungen, die zur Anerkennung der bauaufsichtlichen An- oder Verwendbarkeit eines Bauteils, einer Konstruktion, eines Bauprodukts oder einer Bauart führen, wiederum eher zu einer Verschärfung des Anforderungsniveaus führen, anstatt sinnvollen und angemessenen Brandschutz zu ermöglichen. Hinzu kommt, dass die allermeisten Bestimmungen ausschließlich für den Einbau in Neubauten bzw. neuen Bauteilen vorgesehen sind, was jedem Planenden oder Einbauendem allerdings (nur) dann auffällt, wenn er oder sie das sogenannte Kleingedruckte des jeweiligen An- oder Verwendbarkeitsnachweises liest: Logischerweise erfolgen die Brandprüfungen für moderne, normativ äußerst präzise geregelte Einbausituationen, weshalb streng genommen beim Einbau in bestehende Bauteilen, zumindest in solche, die älter als fünf Jahre sind [9], stets eine nicht wesentliche oder wesentliche Abweichung vorliegt, die zudem bei CE-gekennzeichneten Bauprodukten nicht mehr möglich ist. In Bild 5 ist beispielsweise ein Bauprodukt zu sehen, das für die bestehende (etwas dünnere) Stahlbetonkonstruktion mit einem Feuerwiderstand von 60 Minuten nicht in der vorgefundenen Einbausituation geprüft ist und für dessen Einbau deswegen eine **nicht wesentliche Abweichung** durch den Errichter unter Zuhilfenahme des Herstellers zu bestätigen war.

Bild 5 Einbau eines Bauprodukts in eine bestehende Stahlbetonkonstruktion

Mit Ökologie hat es allerdings nichts zu tun, wenn man deswegen aus formalen Gründen gegebenenfalls erst einmal ein Bestandsbauteil entfernen muss, nur um eine exakte, normgerechte Einbausituation wie bei einem Neubau zu schaffen! In dieser Hinsicht ist unbedingt ein Umdenken zu fordern, um zu angemessenen Regelungen zu kommen, die eine An- oder Verwendung auch in bestehenden Gebäuden ermöglichen, ohne vorher eine bürokratische Meisterleistung vollbringen zu müssen. Dieser Gedanke ist nicht einmal neu, denn bereits vor mehr als vierzig Jahren (!) forderte W. Geithe kritisch:

> *»Bei den Festlegungen über Prüfverfahren im Normen- und Zulassungswesen ist die Entwicklung gekennzeichnet durch immer weitergehende Verfeinerungen der Prüfmethoden an den Materialprüfanstalten. Dabei wird angestrebt, daß durch laufende Erweiterung und Verbesserung von Detailangaben die Prüfanstalten möglichst*

ohne Ringversuche annähernd gleich[e] Versuchsergebnisse erzielen. ... Mit diesen Festlegungen werden überwiegend Spezialisten mit hohem fachlichem Niveau angesprochen. ... Die künftige Aufgabe der Normung in diesem Bereich müßte m. E. sein, funktionsorientierte Materialprüfungsversuche für alle vorkommenden chemisch-physikalischen Beanspruchungen zu entwickeln, aus denen eine Klassifizierung der Baustoffe und Bauteile auf Grund der Prüfungsergebnisse der Materialprüfanstalten vorgenommen werden kann. Viele Normen könnten beträchtlich reduziert und die Geltungsdauer wesentlich verlängert werden, weil auch bei neuen Entwicklungen von Baustoffen und die Prüfung weiterer, bisher noch nicht untersuchter Eigenschaften eine Änderung oder Neufassung der Prüfnorm nicht mehr erforderlich wäre.« [10]

Um auch für bestehende Bauwerke zu entsprechenden Nachweisen gelangen zu können, erarbeitet gegenwärtig das **Referat Brandschutz** der WISSENSCHAFTLICH-TECHNISCHEN ARBEITSGEMEINSCHAFT FÜR BAUWERKSERHALTUNG UND DENKMALPFLEGE E. V. (WTA) ein Regelwerk, innerhalb dessen auch geeignete Maßstäbe für Brandprüfungen entwickelt werden sollen, die einen unkomplizierten Einbau von Bauprodukten und Bauarten ermöglichen (siehe Bild 6).

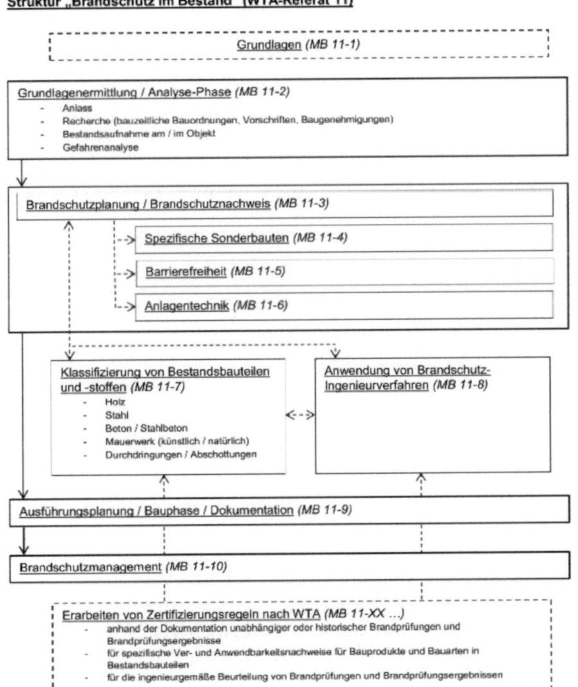

Bild 6 Strukturschema der geplanten WTA-Regelgebung zum Brandschutz [11]

Derzeit sind das Grundlagenmerkblatt 11-1 und die Entwürfe E-11-2 und E-11-3 erschienen, an mehreren weiteren Merkblättern der geplanten Reihe wird gegenwärtig gearbeitet. Diese Merkblätter sollen in die sich gegenwärtig entwickelnde europäische Normung für die Bestandserhaltung einfließen und zukünftig auch **Zertifizierungsregeln für Einbausituationen von brandschutztechnisch klassifizierten Bauarten und Bauprodukten** in bestehenden Bauteilen beinhalten.

2 Derzeitige Herausforderungen bei der An- oder Verwendung von Bauprodukten und Bauarten bei einer Bestandssanierung

2.1 Berücksichtigung abweichender Einbausituationen

Insbesondere bei einer brandschutztechnischen Sanierung kommt erschwerend hinzu, geeignete Bauprodukte und Bauarten auszuwählen, deren **erforderliche Randbedingungen des Einbaus** in bestehenden Konstruktionen und Bauteilen eingehalten werden können.

> Es ist zu beachten, dass bei **europäisch harmonisierten Bauprodukten** die für »nationale« Bauprodukte/Bauarten nach dem § 22 Musterbauordnung (MBO) [12] mögliche Bestätigung einer NICHT WESENTLICHEN ABWEICHUNG durch den Errichter nicht mehr vorgesehen ist. Stattdessen ist für die jeweilige abweichende Einzelfallanwendung eine **Extrapolationsberechnung** unter Zuhilfenahme der vorliegenden Brandprüfungsergebnisse vorzunehmen (siehe auch folgend Kapitel 2.2).

Eine enge Zusammenarbeit mit dem Hersteller des Bauprodukts bzw. der Bauart ist deswegen in solchen Fällen somit unumgänglich. Viel häufiger als bisher dürfte es somit bei der zunehmenden europäischen Harmonisierung der Bauprodukte und Bauarten, vor allem bei einer Sanierung, darauf ankommen, bereits bei der Produktauswahl **entsprechende Vorabstimmungen** mit den betreffenden Herstellern zu treffen und nicht erst vor der Ausführung einer Brandschutzmaßnahme.

2.2 Richtiger Einsatz von Bauprodukten und Bauarten des Brandschutzes

Bei bestehenden Gebäuden sind zunächst die in der Örtlichkeit **tatsächlich vorhandenen Einbaubedingungen im Detail abzuklären**. Daher ist es vor dem Abschluss eines Bauvertrags unbedingt zu empfehlen, die **prinzipielle Durchführbarkeit** der gewünschten Arbeiten zu prüfen. Wenn eine Realisierung nicht **entsprechend den gültigen An- oder Verwendbarkeitsnachweisen** möglich ist oder die Randbedingungen erheblich von den einzuhaltenden Vorgaben abweichen, ist darauf unbedingt schriftlich hinzuweisen.

In den meisten derzeit noch verfügbaren **Verwendbarkeitsnachweisen**, wie zum Beispiel in den **allgemeinen bauaufsichtlichen Prüfzeugnissen** (abP) für Trockenbaukonstruktionen oder in den **allgemeinen bauaufsichtlichen Zulassungen** (abZ) beispielsweise für Abschottungssysteme oder Feuerschutztüren (abZ), aber auch in Europäischen Technischen Bewertungen (ETA) für Brandschutzputze wird dazu **präzise** festgelegt, welche Bauprodukte oder Bauarten überhaupt in welchen Bauteilen zulässigerweise eingebaut werden dürfen und welche **konstruktiven Randbedingungen zwingend einzuhalten sind**. Darüber hinaus ist durch die Änderung der Musterbauordnung im Jahr 2016 für Hersteller von Bauprodukten und -arten eine neue Nachweisform, der sogenannte **Anwendbarkeitsnachweis** hinzugekommen: Die **allgemeine** oder **vorhabenbezogene Bauartgenehmigung** (aBG/vBG), die hinsichtlich der äußeren Form mit einer allgemeinen bauaufsichtlichen Zulassung zu vergleichen ist. Bei diesen Bauartgenehmigungen ist vor allem zu beachten, dass sie zwar oftmals dünn und übersichtlich erscheinen, im sogenannten Kleingedruckten aber häufig auf eine große Anzahl weiterführender zu berücksichtigenden Normen oder Nachweise verwiesen wird, die gleichermaßen zu berücksichtigen sind. In diesem Fall droht eine Haftungsfalle, weil man auf den ersten und auch auf den zweiten Blick als Anwender nicht überschaut, was man parallel noch alles zu berücksichtigen hat …

Bei **CE-gekennzeichneten Bauprodukten** ohne Bauartgenehmigung ist die Trennung des »Nachweispapiers«, das heißt der Leistungserklärung von der **Montageanleitung** (oft auch als Herstellerdokumentation bezeichnet) zu beachten. Während in einem Verwendbarkeitsnachweis stets und bei einem Anwendbarkeitsnachweis mitunter beides zusammenhängend abgebildet wird, ist dies bei den europäischen Bauprodukten/Bauarten nicht mehr zulässig. Somit sollte man sich als Verarbeiter unbedingt bei der Auswahl eines Bauprodukts oder einer Bauart beide Dokumente (und nicht nur die Leistungserklärung) übergeben lassen, damit man feststellen kann, welche Einbausituation für welchen Fall die Voraussetzung ist. Eine zusätzliche Schwierigkeit besteht darin, dass die Montageanleitungen fortlaufend durch die Hersteller aktualisiert werden und in Einzelfällen auch die eine oder andere Angabe unvollständig oder nicht eindeutig genug für den Einbau ist. Auch damit muss man sich als Verarbeiter auseinandersetzen. Hinzu kommt, dass die europäisch harmonisierte Normung (hEN) zügig weiter voranschreitet und die oben genannten herkömmlichen Verwendbarkeitsnachweise (abP und abZ) zunehmend ablöst. In solchen Fällen sind zusätzlich zur jeweiligen Leistungserklärung des Herstellers die zum Zeitpunkt des Einbaus gültigen Einbauvorschriften einzuhalten, die aus der dazugehörigen **Montageanleitung** hervorgehen. In diesem Zusammenhang ist darauf hinzuweisen, dass es in den europäischen Dokumenten die nach deutschem Bauordnungsrecht mögliche nicht wesentliche Abweichung nicht mehr gibt – wie bereits zuvor beschrieben – und somit nur der haargenaue Einbau gemäß dem betreffenden Verwendbarkeitsnachweis möglich ist bzw. eine **Extrapolation** durch den jeweiligen Hersteller auf der Grundlage einer europäisch harmonisierten Norm notwendig wird. Das stellt vor allem beim Bauen im Bestand zunehmend eine Herausforderung für alle Beteiligten dar, denn die bestehenden Situationen müssen dann auch genau mit den geprüften Randbedingungen eines entsprechenden Bauprodukts übereinstimmen oder bisherige Brandprüfungsergebnisse seitens der Hersteller zur Ermittlung einer solchen Extrapolation herangezogen werden.

Deswegen ist es besonders wichtig, sich frühzeitig und möglichst bereits vor der jeweiligen Produktauswahl mit den zwingenden Randbedingungen des jeweiligen Nachweises für die An- oder Verwendbarkeit auseinanderzusetzen.

Unter Umständen ist beispielsweise wegen eines reduzierten Feuerwiderstands eines bestehenden Bauteils oder nicht vorhandener Abstände der vorhandenen Leitungsanlagen zu einem neu einzubauenden Feuerschutzabschlusses eine vorschriftsgemäße Verarbeitung nicht möglich, was konsequenterweise zu einer Anmeldung von Bedenken gegenüber der womöglich angeordneten Montage führen muss. Als Errichter ist man dahingehend verpflichtet, konkret zu benennen, »was nicht passt«, **pauschale Bedenken reichen** dazu gemäß der aktuellen Rechtsprechung **nicht (mehr) aus**, denn es kann von dem Verarbeiter des Bauprodukts bzw. der Bauart erwartet werden, dass genaue Kenntnisse der erforderlichen Einbausituation vorliegen. Dann ist insbesondere die Bauleitung gefordert, für die erforderlichen Randbedingungen zu sorgen. Alternativ dazu kann ggf. der Brandschutznachweis geändert und eine Genehmigung beantragt werden (siehe Praxisbeispiele), aber die Genehmigung dafür muss prinzipiell **vor der Ausführung** erteilt worden sein. Das Gleiche gilt im übertragenen Sinn selbstverständlich auch bei der Ausführung einer Konstruktion nach DIN 4102-4 [13], bei der auch nicht einfach »so oder so ähnlich« gebaut werden darf, auch wenn das immer noch viel zu oft der »Baustellenstandard« sein sollte!

Es ist zu beachten, dass es nicht allein darauf ankommt, dass das verwendete Bauprodukt bzw. die eingebaute Bauart bei einem Brandfall ausreichend seine Funktion erfüllt und die erforderliche Leistung hat, sondern in der Regel ein **formaler Mangel** bereits dann vorliegt, wenn eine Ausführung nicht mit den entsprechenden Dokumenten (zum Beispiel der Montageanleitung für das Bauprodukt) in Gänze übereinstimmt oder beispielsweise die noch erforderliche Übereinstimmungsbestätigung nicht ordnungsgemäß ausgefüllt wurde.

2.3 Anwendungen in der Praxis

2.3.1 Nachträgliche Ertüchtigung einer massiven Bestandsdecke

In Bild 7 und Bild 8 sind eine im Bestand vorhandene Massivdecke und eine aus statischen Gründen erforderliche nachträgliche Stahlkonstruktion zu sehen, die durch **Trockenbaubekleidungen** brandschutztechnisch zu ertüchtigen waren.

Bild 7 Massive Bestandsdecke und Stahlkonstruktion während der Ausführung

Bild 8 Detail

Hier war vor allem darauf zu achten, dass der **richtige Einbauablauf der einzelnen notwendigen Trockenbaukonstruktionen** eingehalten wurde: Zuerst waren die Stahlstütze (in Bild 8 bereits ausgeführt), danach die Stahlträger zu bekleiden und daran anschließend die Deckenbekleidung auszuführen.
Außerdem war zu berücksichtigen, dass sich in dem Hohlraum zwischen der bestehenden Decke und der zusätzlichen brandschutztechnischen Bekleidung keine Leitungsanlagen befinden dürfen, weil die Geschossdecke erst durch die nachträgliche Bekleidung den erforderlichen Feuerwiderstand hat.

2.3.2 Zugelassene Abweichungen im Rahmen einer brandschutztechnischen Sanierung

Bei diesem Baudenkmal war es gemäß dem Brandschutzkonzept gefordert, einen notwendigen Treppenraum mit einer Trockenbaukonstruktion entstehen zu lassen, der entsprechend feuerhemmende Wände und einen feuerhemmenden Öffnungsabschluss zum ausgebauten Dachgeschoss erhalten sollte (siehe Bild 9 und Bild 10).

Bild 9 Anschluss der Trockenbauwand an den historischen Treppenlauf

Bild 10 Neuer Öffnungsabschluss

Weil die bestehende Holztreppe jedoch nicht feuerhemmend nachgewiesen werden konnte, war es nur möglich, auf dem hölzernen Podest eine Trockenbauwand in einer **feuerhemmenden Bauweise in Anlehnung** an den **Verwendbarkeitsnachweis**, hier das allgemeine bauaufsichtlichen Prüfzeugnis (abP), zu errichten, weshalb **vor der Ausführung eine Abweichung** beantragt werden musste. Diese wurde vom zuständigen Prüfingenieur für Brandschutz bestätigt, weil im Brandschutznachweis ausreichend begründet wurde, dass diese Abweichung zu vertreten ist.

Die Folge dieser Abweichung war dann jedoch eine weitere Abweichung: Der ursprünglich vorgesehene feuerhemmende und rauchdichte Öffnungsabschluss zum Dachgeschoss konnte nicht nachgewiesen werden, weil dafür wiederum die Einbaubedingungen durch die abweichende Trockenbauwand nicht gegeben waren. Somit musste **auch für diese Einbausituation des Öffnungsabschlusses eine weitere Abweichung** beantragt und das zunächst angebrachte Kennzeichnungsschild des Öffnungsabschlusses wieder entfernt werden. An die Stelle der Verwendbarkeitsnachweise der Hersteller traten nun die konkreten Festlegungen des Brandschutznachweises, weil eine exakte Ausführung der Bauart bzw. des Bauprodukts gemäß den Vorgaben der Verwendbarkeitsnachweise nicht möglich war und deswegen die Abweichungen von den benannten materiellen Anforderungen des Bauordnungsrechts erforderlich wurden.

2.3.3 Nachträgliche Putzbeschichtungen zur Erhöhung des Feuerwiderstands

Häufig ist es konzeptionell in einer Brandschutzplanung vorgesehen, den Feuerwiderstand eines bestehenden Bauteils mittels einer Putzbeschichtung zu erhöhen. Dazu bieten sich entweder Putzaufbauten, die in DIN 4102-4 enthalten sind, oder Putzbeschichtungen mit einem An- oder Verwendbarkeitsnachweis an, wie Brandschutz-Putzbekleidungen mit und ohne Putzträger zur Verwendung als Brandschutzprodukt. Dazu liegen gegenwärtig verschiedene Systeme auch ohne Putzträger vor mit einer entsprechenden Europäischen Technischen Bewertung (ETA), die es nach DIN 4102-4 in Verbindung mit DIN EN 998-1 [14] und DIN 18550-2 [15] nicht gibt. In Bild 11 und Bild 12 sind Beispiele für die nachträgliche Ertüchtigung einer Ziegeldecke und einer Betonstütze mit einem Brandschutzputzsystem nach einer ETA zu sehen. [16]

Bild 11 Ertüchtigung einer Ziegeldecke mit Brandschutzputz [16]

Bild 12 Brandschutzputz auf einer bestehenden Betonstütze [16]

2.3.4 Zusätzliche Anforderungen an schwerentflammbare und nichtbrennbare Dämmstoffe nach MVV TB

Besonders hervorzuheben sind die neu in der MVV TB enthaltenen **Regelungen** für den **richtigen Einsatz von Dämmstoffen**, wenn **schwerentflammbare** oder **nichtbrennbare** Bauteile verlangt werden. In dieser Hinsicht ist auf die Abschnitte A 2.1.2.2 und A 2.1.2.3 MVV TB hinzuweisen (siehe Bild 13), in denen die grundlegenden bauaufsichtlichen Benennungen quasi in der MVV TB gegenüber den bauaufsichtlichen Benennungen »nachgeregelt« werden, was schon für Neubauten nicht immer einfach und beim Umgang mit bestehenden Bauteilen teilweise unmöglich ist.

Teil A

A 2.1.2.2 Nichtbrennbar

Bei der Verwendung in baulichen Anlagen muss bei Einwirkung eines Brandes, insbesondere eines fortentwickelten, teilweise vollentwickelten Brandes, gewährleistet sein, dass die Teile baulicher Anlagen keinen Beitrag zum Brand leisten. Dabei dürfen je nach Verwendung keine oder eine begrenzt bleibende Entzündung, geringstmögliche Rauchentwicklung, kein fortschreitendes Glimmen und/oder Schwelen und kein brennendes Abtropfen oder Abfallen auftreten; Art der Bestandteile, Formstabilität sowie Schmelzpunkt/Schmelztemperatur und Rohdichte sind zu berücksichtigen.

Baustoffe sind nichtbrennbar, wenn sie dauerhaft bei Einwirkung eines Brandes nach DIN 4102-1:1998-05, Abschnitt 5.1 oder 5.2, die dort angegebenen Kriterien einhalten, soweit erforderlich mit der Angabe zum Schmelzpunkt von mindestens 1000 °C nach DIN 4102-17: 2017-12.

A 2.1.2.3 Schwerentflammbar

Bei der Verwendung in baulichen Anlagen muss bei Einwirkung eines Entstehungsbrandes oder eines sich entwickelnden Brandes gewährleistet sein, dass die Teile baulicher Anlagen nur einen begrenzten Beitrag zum Brand leisten und dass nur eine begrenzte Brandausbreitung während und bei Wegfall der Brandeinwirkung vorliegt.

Dabei dürfen je nach Verwendung des Bauteils eine Entzündung erst nach einer bestimmten Zeit der Flammeneinwirkung, nur eine begrenzte Temperatur der entstehenden Rauchgase, eine begrenzte Freisetzung von Energie, eine definierte Rauchentwicklung, kein selbstständiges Weiterbrennen, kein fortschreitendes Glimmen und/oder Schwelen, soweit erforderlich kein brennendes Abfallen oder Abtropfen auftreten.

Als Brandeinwirkung ist mit Ausnahme von Außenwandbekleidungen und Bodenbelägen die Brandeinwirkung gemäß Abschnitt 6.1.1 a) von DIN 4102-1:1998-05 der Brand eines Gegenstandes in einem Raum anzunehmen; bei Außenwandbekleidungen die Brandeinwirkung gemäß Abschnitt 6.1.1 b) von DIN 4102-1:1998-05 aus einer Wandöffnung schlagenden Flammen (siehe auch A 2.1.5), bei Bodenbelägen ist die Brandeinwirkung gemäß Abschnitt 6.1.1 c) von DIN 4102-1:1998-05 von einer Brandsituation anzunehmen, bei der Flammen aus der Türöffnung zu einem benachbarten Raum schlagen und bei der die waagerechte Flammenausbreitung und die Rauchentwicklung unbedenklich sind.

Baustoffe sind schwerentflammbar, wenn sie dauerhaft bei Einwirkung eines Brandes nach DIN 4102-1:1998-05, Abschnitt 6.1, die dort angegebenen Kriterien einhalten.

Für Teile baulicher Anlagen, die nicht brennend abtropfen oder abfallen dürfen, müssen zusätzlich die Kriterien gemäß DIN 4102-16:2015-09, Abschnitt 9.3, erfüllt sein.

Bild 13 Abschnitte A 2.1.2.2 und A 2.1.2.3 MVV TB

In Bild 14 ist der im Anhang 4 MVV TB im Kapitel 1.3 enthaltende Abschnitt zu sehen, in dem in Deutschland geregelt wurde, was zu beachten ist, damit der seit einiger Zeit zusätzlich geforderte Nachweis der **Nichtglimmbarkeit** von Dämmstoffen zu erfüllen ist, der für **schwer entflammbare oder nichtbrennbare Bauteile** nunmehr gefordert wird.

Anhang 4 Bauaufsichtliche Anforderungen, Zuordnung der Klassen

1.3 Mindestens erforderliche Leistungen zum Glimmverhalten

Zur Erfüllung der Bauwerksanforderungen in A 2.1.2 bei schwerentflammbaren oder nichtbrennbaren Teilen baulicher Anlagen, bei denen Bauprodukte nach folgenden harmonisierten Normen (EN 438-7:2005[2], EN 13162:2012+A1:2015[3], EN 13168:2012+A1:2015[4], EN 13170:2012+A1:2015[5], EN 13171:2012+A1:2015[6], EN 13950:2014[7], EN 13964:2014[8], EN 13986:2004+A1:2015[9], EN 14064-1:2010[10], EN 14190:2014[11], EN 14303:2009+A1:2013[12], EN 15037-4:2010+A1:2013[13], EN 15498:2008[14]) verwendet werden sollen, sind gemäß Tabelle 1.2 Angaben zum Glimmverhalten erforderlich. Zur Bestimmung des Glimmverhaltens liegt ein europäisches Prüfverfahren DIN EN 16733:2016-07 vor; die notwendige Angabe lautet: "Die Prüfung wurde bestanden: das Produkt zeigt keine Neigung zum kontinuierlichen Schwelen.".

Bild 14 Auszug aus Anhang 4 MVV TB, hier Kapitel 1.3 (Stand: 03/2022)

Vor allem für vorhandene Dämmstoffe in bestehenden Bauteilen kann dieser Nachweis zumeist nicht gelingen, weil es die hier benannte **DIN EN 16733** erst seit Juli 2016 gibt. In **anderen europäischen Ländern** gibt es diese **zusätzlichen Anforderungen größtenteils nicht**, sondern man ist aus bauaufsichtlicher Sicht mit den entsprechend harmonisierten Dämmstoffen zufrieden.

2.4 Erforderliche Nachweise zur Abnahme von Bauleistungen

Beim Einsatz eines **klassifizierten Gesamtsystems** sind unbedingt die Randbedingungen des betreffenden bauaufsichtlichen **An- oder Verwendbarkeitsnachweises** einzuhalten.
Ein entscheidendes **formales Kriterium** für eine erfolgreiche Abnahme ist es zudem – wie bei allen brandschutztechnischen Maßnahmen –, die vollständige Einhaltung aller im Nachweis benannten Bestimmungen nachzuweisen und zu dokumentieren, d. h. entsprechend der Europäisch Technischen Bewertung (ETA), der allgemeinen oder vorhabenbezogenen Bauartgenehmigung (vBG/aBG), der allgemeinen bauaufsichtlichen Zulassung (abZ), dem allgemeinen bauaufsichtlichen Prüfzeugnis (abP) oder der Montageanleitung bei einem CE-gekennzeichneten Bauprodukt.
Dazu muss der Errichter der Brandschutzmaßnahme das genaue Einhalten der Vorgaben des betreffenden Verwendbarkeitsnachweises belegen können. Das betrifft sowohl die Übergabe einer ordnungsgemäß ausgefüllten **Übereinstimmungsbestätigung gemäß § 21 MBO** als auch bei Bedarf zusätzlich das Überbringen von Protokollen von durchgeführten Bestandsuntersuchungen, von Baustellenmessungen oder von schriftlichen Erläuterungen zu notwendigen Folgekontrollen bei brandschutztechnischen Beschichtungen.

> Hinweis: Bei Einbausituationen, die nur mit Abweichungen von bauordnungsrechtlichen Anforderungen zu realisieren sind, kann keine Übereinstimmungsbestätigung gemäß dem An- oder Verwendbarkeitsnachweis durch den Errichter abgegeben werden. Dann ist es nur möglich, dass eine entsprechende Erklärung über die Durchführung der im **Brandschutznachweis konkret angegebenen Ausführungsart** erfolgt.

2.5 Mögliches Abweichen von den geltenden Technischen Baubestimmungen

Grundsätzlich ist es sowohl bei der Errichtung von Neubauten als auch bei der Sanierung von bestehenden Gebäuden nicht zwangsläufig erforderlich, alle Technischen Baubestimmungen in Gänze einzuhalten oder gar zu befolgen. Dennoch ist es notwendig, diese zu beachten. Wenn jedoch trotz einer Abweichung von diesen technischen Regeln nachzuweisen ist, dass ein gleichwertiges Schutzniveau erreicht wird, ist selbstverständlich ein Abweichen zulässig. Die Beweislast dafür liegt jedoch nun beim Planenden, während beim Erfüllen einer Technischen Baubestimmung von einer ausreichenden Sicherheit ausgegangen werden kann.
Während bis zum Jahr 2017 das Abweichen von den Technischen Baubestimmungen in § 3 (3) MBO und dem folgend in den Bauordnungen der Bundesländer nach diesem Paragrafen der jeweiligen Landesbauordnung ohne gesonderte bauaufsichtliche Entscheidung möglich war, ist nach der neuen Muster-Verwaltungsvorschrift Technische Baubestimmungen (MVV TB) das **Abweichungsprozedere nach § 85a MBO weitaus differenzierter** anzuwenden. Es richtet sich dabei nach dem jeweiligen Länderrecht, wann für eine Abweichung eine gesonderte förmliche Entscheidung der zuständigen Bauaufsichtsbehörde notwendig ist.
Eine zuständige Bauaufsichtsbehörde kann dabei gemäß § 67 (1) MBO entsprechende Abweichungen von den materiellen bauaufsichtlichen Anforderungen der Bauordnung oder aufgrund dieser erlassenen Vorschriften – so auch den eingeführten Technischen Baubestimmungen nach § 85a (1) MBO – zulassen,

> *»… wenn sie unter Berücksichtigung des Zwecks der jeweiligen Anforderung unter Würdigung der öffentlich-rechtlichen geschützten nachbarlichen Belange mit den öffentlichen Belangen, insbesondere den Anforderungen des § 3 vereinbar sind«. [17]*

Einer solchen förmlichen Abweichungsentscheidung bedarf es nur dann nicht, wenn eine Abweichung von einer eingeführten Technischen Baubestimmung vorliegt und eine solche Abweichung nicht nach § 85a MBO ausgeschlossen ist [18], zum Beispiel von der aktuell gültigen Fassung der Muster-Leitungsanlagenrichtlinie (MLAR). Der Nachweis der technischen Gleichwertigkeit kann dazu bei bestehenden Gebäuden beispielsweise anhand der ehemals gültigen Fassungen der Richtlinie vorgenommen werden. Die technische Gleichwertigkeit ist damit nachzuweisen [19].
Insbesondere bei bestehenden Bauteilen liegt eine solche Abweichung aber grundsätzlich vor, denn die in den An- oder Verwendbarkeitsnachweisen angegebenen Einbausituationen stimmen nur sehr selten mit dem Bestand exakt überein. Als Paradebeispiel kann dafür der mittlerweile durchaus übliche Einbau von Abschottungen in bestehenden Holzbalkendecken angeführt werden (siehe Bild 15), der sich – wie auch reale Brände belegen – bewährt hat, jedoch bisher eindeutig als wesentliche Abweichung von den bauaufsichtlichen Nachweisen gelten muss, denn der Anwendungsbereich wird damit verlassen.

Bild 15 Einbau von Abschottungssystemen in eine bestehende Holzbalkendecke

2.6 Umgang mit den zur Errichtungszeit geltenden Technischen Baubestimmungen bestehender Gebäude

Die in den historischen Fassungen der DIN 4102 bzw. in Teil 4 von DIN 4102 enthaltenen Konstruktionen drücken immer nur den Stand der bisher durch Erfahrungen (vor allem in den älteren Fassungen von 1934 bzw. 1940) sowie durch Brandprüfungen gewonnenen Erkenntnissen aus. Außerdem wurden die Prüfgrundsätze stetig weiterentwickelt, weshalb sich zu einem früheren Zeitpunkt in der Norm enthaltende Bauteile ändern und im Bestand vorhandene nunmehr nicht mehr Bestandteil der aktuellen Normfassung sind. Daraus ergibt sich für die Praxisanwendung die Fragestellung, inwieweit die zur Errichtungszeit geltenden Fassungen bei einer Bestandsbewertung bzw. bei einer Bestandsänderung weiterhin als Grundlage einer Beurteilung bestehender Bauteile zur brandschutztechnischen Klassifikation angewendet werden können.

Dieser Frage hat sich der Arbeitsausschuss Brandverhalten von Baustoffen und Bauteilen – Klassifizierung (Katalog) in seiner Sitzung am 16. November 2018 angenommen, der die DIN 4102-4 bearbeitet. Im Ergebnis der Beratung dieses Punkts wurde im Rahmen der Beantwortung von Auslegungsfragen zur Norm festgestellt:

> »[In der] Praxis kann auf frühere Fassungen von DIN 4102 zur fachlichen Beurteilung zurückgegriffen werden.«. [20]

3 Geplante Änderungen der MVV TB im Jahr 2022

Regelmäßig werden durch das Deutsche Institut für Bautechnik (DIBt) die Regelungen in der MVV TB aktualisiert. Der gegenwärtige Entwurf (siehe Bild 16) sieht dabei umfassende, während der Bauausführung kaum mehr zu durchdringende geplante Neuregelungen vor, die an dieser Stelle exemplarisch benannt werden sollen.

Entwurf (März 2022)

Änderungen der Muster-Verwaltungsvorschrift Technische Baubestimmungen (MVV TB) - Ausgabe 2022/1)
hier: Brandschutz

Anmerkung:
Die Änderungen gegenüber der Muster-Verwaltungsvorschrift Technische Baubestimmungen (MVV TB), Ausgabe 2021/1 sind farblich dargestellt (Streichungen in Rot, Ergänzungen/Änderungen in Blau).

Inhalt:
Änderungen des Abschnittes A 2
Änderungen der Anlagen zu Abschnitt A 2
Änderungen der Anhänge 4 und 6

Bild 16 Auszug aus dem Entwurf der MVV TB (Stand: März 2022)

Unter anderem soll demnach hinsichtlich der brandschutztechnischen Klassifikationen NICHTBRENNBAR und SCHWERENTFLAMMBAR zukünftig zwischen Bauprodukten, für die eine Leistungserklärung bis zum 30. Juni 2020 und solchen, für die eine Leistungserklärung danach ausgestellt worden ist, unterschieden werden (siehe Bild 17) – und das Ganze lediglich deswegen, weil die europäischen Brandprüfungen zu geringfügig anderen Ergebnissen führen, als die bisherigen nationalen!

Vor allem für die Bestandssanierung wirft das zusätzliche Fragestellungen hinsichtlich der entsprechenden Nachvollziehbarkeit auf, was dann nicht selten wiederum zu einem vollkommen überflüssigen Dämmstoffersatz führen dürfte, nur um einen formal richtigen Nachweis führen zu können. Die Ökologie bleibt dabei leider schon wieder auf der Strecke, ohne dass ein messbarer Sicherheitsgewinn zu erwarten ist.

1.2 Mindestens erforderliche Leistungen zum Brandverhalten nach harmonisierten technischen Spezifikationen

Für die Verwendung in baulichen Anlagen können Bauprodukte, einschließlich deren Bestandteile, nach harmonisierten technischen Spezifikationen verwendet werden. Die mindestens erforderlichen Leistungen sind der den Tabellen 1.2a bzw. 1.2.b zu entnehmen. Für die Verwendung dieser Bauprodukte bei horizontalem Einbau ist zusätzlich 1.4 zu beachten.

Tabelle 1.2a: Bauaufsichtliche Anforderungen und mindestens erforderliche Leistungen zum Brandverhalten bei Leistungserklärungen, die bis zum 30. Juni 2020 ausgestellt waren, und weitere Merkmale

	Bauaufsichtliche Anforderungen	Mindestens erforderliche Leistungen: Bauprodukte, ausgenommen lineare Rohrdämmstoffe und Bodenbeläge	lineare Rohrdämmstoffe	Bodenbeläge	Weitere Merkmale (ausgenommen Bodenbeläge)
	1	2	3	4	5
1	nichtbrennbar[1,2]	A2 – s1,d0[3]	$A2_{L}$ – s1,d0[3]	$A2_{fl}$ – s1	Angabe: Glimmverhalten gemäß 1.3 und soweit erforderlich Rohdichte
2	nichtbrennbar und zusätzlich Schmelzpunkt > 1000 °C	A2 – s1,d0	$A2_{L}$ – s1,d0	$A2_{fl}$ – s1	Angabe: Schmelzpunkt von mindestens 1000 °C und Glimmverhalten gemäß 1.3 und soweit erforderlich Rohdichte

Bild 17 Entwurf MVV TB, Anhang 4, Auszug aus Tabelle 1.2a (Stand: März 2022)

Darüber hinaus ist geplant, auf nationalem Weg die Anforderungen zur Feuerwiderstandsfähigkeit einschließlich Brandverhalten bei Verwendung von Bauprodukten nach DIN EN 13964:2014-08 für raumabschließende Bauteile als nichttragende, Unterdecken mit einer Brandbeanspruchung nur von unten oder von unten nach oben sowie von oben nach unten kompliziert nachzuregeln (siehe Bild 18), während man mit dieser Bauart im restlichen Europa auch ohne diese zusätzlichen Anforderungen gut leben kann.

Anhang 4 — Bauaufsichtliche Anforderungen, Zuordnung der Klassen

Bauaufsichtliche Anforderung	Mindestens erforderliche Leistungen – Feuerwiderstandsfähigkeit der Unterdecke: mit einer Brandbeanspruchung nur von unten	mit einer Brandbeanspruchung von unten nach oben und von oben nach unten	Brandverhalten der Unterdecke* mit Leistungserklärung bis 30.06.2020	Brandverhalten der Unterdecke* mit Leistungserklärung ab 01.07.2020
aus nichtbrennbaren* Baustoffen	-		A2 – s1,d0**	A1**
aus schwerentflammbaren Baustoffen, nicht brennend abfallend oder abtropfend*	-		C – s2,d0**	C – s2,d0**
feuerhemmend	von unten nach oben EI 30 (a←b)	von unten nach oben und von oben nach unten EI 30 (a↔b)	E – d2	E – d2
feuerhemmend und aus nichtbrennbaren* Baustoffen	von unten nach oben EI 30 (a←b)	von unten nach oben und von oben nach unten EI 30 (a↔b)	A2 – s1,d0**	A1**
hochfeuerhemmend und aus nichtbrennbaren* Baustoffen	von unten nach oben EI 60 (a←b)	von unten nach oben und von oben nach unten EI 60 (a↔b)	A2 – s1,d0**	A1**
feuerbeständig und aus nichtbrennbaren* Baustoffen	von unten nach oben EI 90 (a←b)	von unten nach oben und von oben nach unten EI 90 (a↔b)	A2 – s1,d0**	A1**

* Hinsichtlich der Anforderungen gilt Tabelle 1.1.
** Hinsichtlich der Anforderungen gilt Tabelle 1.1 oder Tabelle 1.2a bzw. 1.2b.

4.3.1.3 Verwendungs- und Ausführungsbestimmungen für Bauprodukte nach Tabelle 4.3.1.2

1. Die Verwendung ist nur zulässig, wenn die gemäß der Einbauanleitung des Herstellers zu beschreibenden an das Bauprodukt angrenzenden Bauteile hinsichtlich der Feuerwiderstandsfähigkeit die Anforderungen an die bauliche Anlage einhalten. Diese Bauteile müssen so bemessen sein, dass sie den Einwirkungen aus der Benutzung des Bauproduktes und den Einwirkungen aus dem Bauprodukt im Brandfall widerstehen. Die Anforderungen an der Tabelle 4.3.1.2 ist nur erfüllt, wenn anschließende, raumabschließende Bauteile mindestens die gleiche Feuerwiderstandsfähigkeit aufweisen.
2. Die Anforderungen der Tabelle 4.3.1.2 an Unterdecken mit einer Brandbeanspruchung nur von unten werden nur erfüllt, wenn die Decke, an die diese Unterdecke angebaut wird, die Anforderungen bei Brandeinwirkung von der Oberseite (Brand von oben nach unten) entsprechend der Anforderung in lfd. Nr. A 2.1.8 erfüllt.
3. Die Verwendung von Unterdecken ist nur zulässig, wenn die Art der Befestigung an vertikalen und/oder horizontalen Bauteilen aus der Einbauanleitung des Herstellers ersichtlich ist und im Klassifizierungsbericht ausgewiesen ist.
4. Die Verwendung von Unterdecken mit Einbauten (wie Leuchten, Lautsprechern, Lüftungsbauteile etc.) ist nur zulässig, wenn dies im Klassifizierungsbericht ausgewiesen ist und die Einbauart aus der Einbauanleitung des Herstellers ersichtlich ist.
5. Die Verwendung von Unterdecken mit Revisionsöffnungen ist nur zulässig, wenn dies im Klassifizierungsbericht ausgewiesen ist und die Einbauart für die Revisionsöffnung aus der Einbauanleitung des Herstellers ersichtlich ist.

Bild 18 Entwurf MVV TB, Anhang 4, Tabelle 4.3.1.2 (Stand: März 2022)

4 Fazit

Bei Sanierungen ist es in der Regel nicht möglich, ohne eine **präzise Bewertung der Randbedingungen** für den Einbau eines Bauprodukts oder einer Bauart die geplante Ausführung zu realisieren. Rechtzeitiges Nachfragen vermeidet dahingehend unnötige Änderungen im Nachhinein. Die Dokumente für die jeweils konkret zulässigen Einbausituationen und Anwendungsbereiche, notwendige Abstände und mögliche Belastungen müssen zur Überprüfung **während der Ausführung auf der Baustelle vorliegen**, damit eine mangelfreie Montage möglich ist.

Es ist dabei unumgänglich, bereits bei der Auswahl des geeigneten Bauprodukts oder der passenden Bauart für den Verwendungszweck die jeweils gewünschte Bauteilkonstruktion im Zusammenhang mit der Einbausituation und ggf. erforderlichen Abschottungen zu betrachten, weil die folgerichtige Konsequenz des Verstoßes gegen die Vorgaben der Verwendbarkeitsnachweise für das Bauteil der Abschottung ein Rückbau wäre.

Während momentan durch die Europäische Kommission in zwar verständlicher Weise auch eine Harmonisierung durch immer präzisere Prüfmethoden bzw. Prüfgrundsätze bei der Entwicklung wirtschaftlicher Bauprodukte oder Bauteile gefördert wird, sollte keineswegs vergessen werden, dass die bei einem Realbrand tatsächlich auftretenden Verhältnisse nur in etwa zu prognostizieren sind und eine brandschutztechnische Leistungsfähigkeit entsprechend den Anforderungen des § 3 MBO auch bei einem davon abweichenden Einbau dennoch möglich ist.

Zudem bilden die mittlerweile vereinheitlichten normativen Prüfgrundlagen, wie zum Beispiel die Anwendung der entsprechenden Brandprüfungskurven, nur einen wissenschaftlich vereinbarten Vergleichsmaßstab zur Klassifikation von Bauprodukten und Bauarten ab, dem bestehende Bauteile in der Regel noch nicht bzw. nicht in der heutigen Form unterworfen waren. Dennoch wurden bereits seit geraumer Zeit die Auswirkungen von natürlichen Brandereignissen durch die historischen Bauvorschriften berücksichtigt und führten zur Festlegung unausweichlicher Brandschutzanforderungen, die sich durchaus bewährt haben, auch ohne dabei auf für die Baupraxis zu spezifischen Prüfrandbedingungen zuzugreifen.

Die in der MVV TB enthaltenen Technischen Regeln erschweren deswegen zumindest teilweise unnötig den Einsatz von Bauprodukten und Bauarten in bestehenden Gebäuden, weshalb ein Umsteuern – um eine aus ökologischer Sicht sinnvolle Bestandserhal-

tung zu ermöglich und nicht zu behindern – unumgänglich ist, auch wenn das offensichtlich noch nicht bei den Verantwortlichen richtig angekommen ist.
Es sind aber auch durchaus sogenannte Umstufungen zeitlich unterschiedlicher Brandprüfungen mit vergleichbaren Ergebnissen möglich, anhand derer zumindest nicht wesentliche Abweichungen deklariert werden können. Die Feststellung zu den teilweise nicht wesentlich unterschiedlichen Brandprüfungsergebnissen in der Bundesrepublik Deutschland und der DDR können dabei als ein Beispiel für derartige Analogievergleiche gelten:

> *»Für die Zuordnung der nach TGL 10685 Teil 13 klassifizierten Feuerwiderstände von Bauteilen zu den Feuerwiderstandsklassen nach DIN 4102 gilt § 4 Absatz 2 Tabelle 4 BrandAO. Die Umstufung ist aufgrund der Ähnlichkeit der Prüfverfahren einfach.« [21]*

Nicht nur der Bestands- und Denkmalschutz, sondern auch der Umweltschutz können davon profitieren, wenn statt unüberlegter und voreiliger Vernichtung bestehender Substanz unter erneutem Energieeinsatz nicht nur schützenswerte Bauteile in authentischer (bauzeitlicher) Form erhalten bleiben können, sondern zugleich stoffgebundene Energieinhalte des Bestands über einen erneuten Lebenszyklus weiter zu nutzen sind, indem wir gemeinsam geeignete Spielregeln für die Anwendung von Bauprodukten und Bauarten beim Bestand entwickeln, anstatt starre und unnötig verpflichtende Technische Baubestimmungen – auch für den Neubau – weiter voranzutreiben!
Dazu sei noch ein besonderer Blick in die weitere Zukunft gerichtet: Auf der Grundlage europäisch harmonisierter Normungen sind für viele Bauprodukte bereits jetzt »nur noch« Leistungserklärungen oder aBG anstelle der bisher gewohnten abP oder abZ verfügbar. Die beim Einbau des jeweiligen Produkts zu beachtenden Besonderheiten sind den von den Herstellern digital hinterlegten Dokumentationen zu entnehmen. Somit werden aus einem Dokument zunehmend (mindestens) zwei, die aber trotzdem stets im Zusammenhang zu beachten und einzuhalten sind. Nur auf diesem Weg lassen sich Fehler bei der Bestandssanierung vermeiden.

5 Literatur

[1] Urteil des EuGH vom 16.10.2014 im Rechtsstreit C-100/13 der EU-Kommission gegen die Bundesrepublik Deutschland zur Rechtmäßigkeit ergänzender Anforderungen an Bauprodukte gem. Bauregelliste

[2] Muster-Verwaltungsvorschrift Technische Baubestimmungen (MVV TB), derzeit gültig: Ausgabe 2021/1

[3] Geithe, W.: Über die Entwicklung technischer Baubestimmungen, Dissertation zur Erlangung des Grades Doktor-Ingenieur des Fachbereichs Bautechnik der Gesamthochschule Wuppertal, Wuppertal 1982, S. 55

[4] Erlaß, betreffend die Bestimmungen über die Aufstellung von statischen Berechnungen zu Hochbaukonstruktionen, sowie über die hierbei anzunehmenden Belastungen und Beanspruchungen, Zentralblatt der Bauverwaltung. hrsg. im Preußischen Finanzministerium, 40. Jg., Nr. 8, S. 45 ff., Berlin 1920

[5] Baupolizeiliche Bestimmungen über Feuerschutz (feuerbeständige und feuerhemmende Bauweisen). Erlass vom 12. März 1925, in: Baupolizeiliche Vorschriften, hrsg. v. Preußischen Ministerium für Volkswohlfahrt, Druckschrift Nr. 3, Berlin 1925, S. 64 – 67; siehe Geburtig, G.: Baulicher Brandschutz im Bestand. Bd. 1: Brandschutztechnische Beurteilung vorhandener Bausubstanz. Berlin: Beuth Verlag, 2017[4]; hier wird u. a. auf die Baupolizeilichen Bestimmungen über Feuerschutz Bezug genommen.

[6] Erlaß des Preußischen Finanzministers betreffende Baupolizeiliche Bestimmungen über Feuerschutz, in: Zentralblatt der Bauverwaltung vereinigt mit Zeitschrift für Bauwesen, hrsg. im Preußischen Finanzministerium, 54. Jg., H. 36, Berlin 1934, S. 523

[7] Geburtig, G.: Basiswissen Brandschutz. Bd. 1: Grundlagen, Stuttgart: Fraunhofer IRB Verlag, 2019, S. 18

[8] MVV TB, ... wie Anm. 2, hier S. 51

[9] Das ergibt sich aus den zutreffenden Normen, die den An- oder Verwendbarkeitsnachweisen zugrunde liegen und auf die verwiesen wird sowie der Geltungsdauer der Nachweise.

[10] Geithe, W.: Über ... wie Anm. 3, hier S. 201 f.

[11] Wissenschaftlich-Technische Arbeitsgemeinschaft für Bauwerkserhaltung und Denkmalpflege e. V. -WTA-, Referat 11 Brandschutz, München (Hrsg.): WTA Merkblatt 11-1-20/D:2020-11 Brandschutz im Bestand und bei Baudenkmalen nach WTA I: Grundlagen. Deutsche Fassung. Stand: November 2020

[12] Musterbauordnung (MBO), Fassung November 2002, zuletzt geändert durch Beschluss der Bauministerkonferenz vom 22.02.2019, § 22

[13] DIN 4102-4:2016-05 Brandverhalten von Baustoffen und Bauteilen – Teil 4: Zusammenstellung und Anwendung klassifizierter Baustoffe, Bauteile und Sonderbauteile
[14] DIN EN 998-1:2017-02 Festlegungen für Mörtel im Mauerwerksbau – Teil 1: Putzmörtel; Deutsche Fassung EN 998-1:2016
[15] DIN 18550-2:2018-01 Planung, Zubereitung und Ausführung von Außen- und Innenputzen – Teil 2: Ergänzende Festlegungen zu DIN EN 13914-2:2016-09 für Innenputze
[16] Franken Maxit Mauermörtel GmbH & Co. KG, System maxit ip 160 nach ETA-19/0667 v. 08.07.2020
[17] Musterbauordnung ..., wie Anm. 12, hier § 67
[18] Musterbauordnung, ... wie Anm. 12, hier § 85a, in diesem wurde mit der Änderung der Musterbauordnung im Jahr 2016 zur Möglichkeit des Abweichens von den eingeführten technischen Baubestimmungen neu festgelegt: »Die Technischen Baubestimmungen sind zu beachten. Von den in den Technischen Baubestimmungen enthaltenen Planungs-, Bemessungs- und Ausführungsregelungen kann abgewichen werden, wenn mit einer anderen Lösung in gleichem Maße die Anforderungen erfüllt werden und in der Technischen Baubestimmung eine Abweichung nicht ausgeschlossen ist; ...«.
[19] Geburtig, G.: Baulicher Brandschutz im Bestand. Bd. 2: Ausgewählte historische Normteile von DIN 4102 ab 1934, Berlin: Beuth Verlag, 2014, S. 4
[20] DIN NA 005-52-04 AA, Auslegung des Normungsausschusses zu früheren Fassungen von DIN 4102, in: Sitzungsbericht der außerordentlichen Sitzung des NA 005-52-04 AA »Brandverhalten von Baustoffen und Bauteilen – Klassifizierung (Katalog)« am 16. November 2018 in Berlin vom 17.12.2018, TOP 6
[21] Wimmer, H.: Verfahrensweise zur Klassifizierung des Brandverhaltens von nach TGL-Standards hergestellten Bauprodukten, in: Mitteilungen des IfBt, H. 4, Berlin 1992, S. 115 – 119, hier S. 117

Der Autor

Prof. Dr.-Ing. habil. Gerd Geburtig
- Architekt
- Prüfingenieur für Brandschutz, VPI
- Mitglied im DIN NABau u. a. für DIN 4102-4 »Brandverhalten von Baustoffen und Bauteilen«
- Leiter WTA-Referat 11 Brandschutz
- Planungsgruppe Geburtig
  D-18311 Ribnitz-Damgarten/D-99423 Weimar
  E-Mail: zentral@pg-geburtig.de
  www.pg-geburtig.de

Risse und Plattenabzeichnungen in verputzten Holzelement-Fassaden

Roger Blaser Zürcher

1 Einleitung

Haushalte verbrauchen nach [1] in der Schweiz 30 % der Energieendverbräuche. Für die Bereitstellung der Raumwärme wird hierfür etwa 75 % verwendet. Hieraus kann relativ einfach abgeleitet werden, dass den Wärmeverlusten von Gebäuden seitens der Behörden mit den Energiegesetzen der Kampf angesagt wurde. Vielfach werden die Anforderungen mit energieeinsparenden Maßnahmen, wie zum Beispiel mit einem hohen Wärmeschutz an den Außenwänden und am Dach, umgesetzt.

2 Wärmeschutz

2.1 Allgemeines

Die Energieeinsparung nimmt beim Bauen einen großen Stellenwert ein. Bauteile der thermischen Gebäudehülle werden mit immer höheren Wärmedämmeigenschaften für den Winterfall ausgerüstet, damit die Transmissionswärmeverluste gemindert werden können.

2.2 Thermische Energie

Die Anforderungen an den Wärmeschutz im Winter richten sich nach den jeweiligen Energiegesetzen. Wird dies nach [2] und [3], die oft als Grundlagen hierzu dienen, betrachtet, so sind die in Tabelle 1 aufgeführten Wärmedurchgangskoeffizienten zu erfüllen.

Bauteil	U-Wert [W/m²K] mit WB-Nachweis	
	gegen Außenklima oder <2 m im Erdreich	unbeheizte Räume oder ≥2 m im Erdreich
opake Bauteile	0,17	0,25
Fenster, Fenstertüren	1,0	1,3
Türen	1,2	1,5
Tore	1,7	2,0
Rollladen-kasten	0,50	0,50

Tabelle 1 Einzelbauteilgrenzwerte bei Neubauten oder neuen Bauteilen nach [3]

Ausgehend von den Anforderungswerten in Tabelle 1 resultieren die in Tabelle 2 typischen Wärmedämmstärken. Die aufgeführten Werte können abhängig von der konstruktiven Ausbildung der Außenwände und der physikalischen Eigenschaften der Wärmedämmstoffe abweichen.

Bauteil	Dämmstärke [cm] bei λ von 0,035 W/mK	
	gegen Außenklima oder < 2 m im Erdreich	unbeheizte Räume oder ≥ 2 m im Erdreich
opake Bauteile	18	12
Rollladenkasten	6	6

Tabelle 2 Typische Wärmedämmstärken

Die Ausführungen zur Erzielung der energetischen Anforderungen helfen bei einer korrekten Position der Wärmedämmung auch dem sommerlichen Wärmeschutz. Unter Berücksichtigung der klimatischen Bedingungen in Mitteleuropa sollte die Wärmedämmung für den Winter- als auch für den Sommerfall außen und die Wärmespeichermasse innen respektive raumseitig liegen.

2.3 Konstruktionen

Während in der vernakulären Architektur die äußeren Klimabedingungen bei der Wahl der Bauteilkonstruktionen den Haupteinfluss darstellten, kann dies heute kaum beobachtet werden. Die Art der Bauteilkonstruktion wird beinahe willkürlich gewählt. Heute kann oft den Bauwerken nicht einmal die konstruktive Ausgangslage »abgelesen« werden.

Bild 1 Ansicht eines Wohnhauses mit verputzten Außenwänden und Flachdach ohne Hinweise zur angewendeten Bautechnik

Holzelement-Fassaden, wie in diesem Vortrag thematisiert, werden oft als Holzleichtbaukonstruktionen mit einem großen Vorfertigungsgrad ausgeführt. In der Schweiz wird dies mehrheitlich als Rahmenbau erstellt.

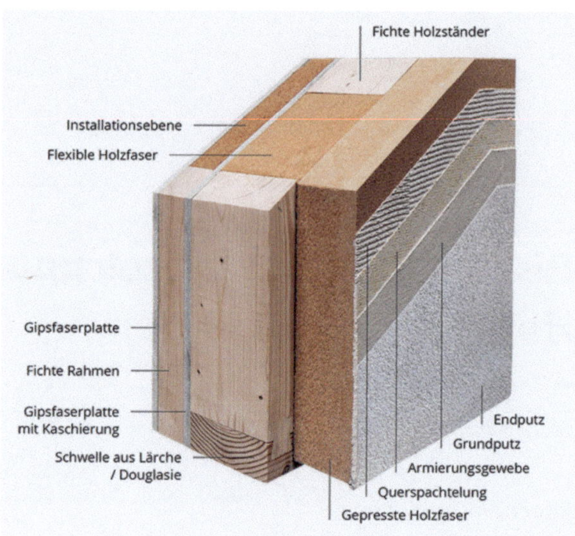

Bild 2 Ansicht einer typischen Holzleichtbaukonstruktion [Quelle: https://tw-holzbau.de/warum_holz]

Beim Holzrahmenbau bestehen die Bauteile (Wände, Decken und Dächer) aus einer Rahmen- und Tragkonstruktion in Massivholz, die im Gefach ausgedämmt wird. Raumseitig wird die Tragkonstruktion mit einer Holzwerkstoffplatte oder einer Gipsfaserplatte beplankt. Dieser Beplankung werden verschiedene Funktionen zugeordnet. Weitere Schichten folgen in Abhängigkeit der Raumnutzung und dem Ausbaustandard.
Außenseitig wird üblicherweise, und dies betrifft speziell die verputzte Holzelement-Fassade, eine Wärmedämmung in einer Holzwolle-Leichtbauplatte montiert. Für diese Wärmedämmplatten, die ebenfalls mehrere Funktionen übernehmen, werden seitens der Hersteller detaillierte Verarbeitungsrichtlinien bereitgestellt.

3 Feuchteschutz

3.1 Allgemeines

Außenbauteile müssen vielseitige Aufgaben erfüllen. Im Kontext dieses Vortrags sind dies sicherlich die Anforderungen an den Witterungsschutz (z. B. Niederschlag, Wind etc.) und den Feuchteschutz aus der Raumnutzung (z. B. Wasserdampfdiffusion etc.).

3.2 Feuchteströme

Je nach Situation (Außen- oder Innenlast) finden unterschiedliche Feuchteströme im Bauteil statt. Die Feuchteströme basieren auf unterschiedlichen Ursachen mit differenzierten Transportarten.

Aggregatzustand	treibende Kraft/ Ursache	Transportart
flüssig	Kapillarwirkung, Krümmungsdruck	kapillare Leitung
	chemische Bindungsenergie	Sorption
	Konzentrationsgefälle	Oberflächendiffusion
	Druck- und Temperaturdifferenz	Konvektion
	Elektrizität	Elektrokinese
gasförmig	Partialdruckdifferenz	Diffusion/ Effusion

Tabelle 3 Wesentliche Wassertransportwege im Baubereich

Bei der Beurteilung der Feuchteströme an Außenbauteilen darf der Einfluss der Wärmeströme nicht vernachlässigt werden. Die Beeinflussung erfolgt gegenseitig und dynamisch. Hieraus erfolgt die Betrachtung der gekoppelten Wärme- und Feuchteströme.

4 Baukonstruktionen

4.1 Allgemeines

Aus Sicht der Bauschadensanalytik darf ausgeführt werden, dass Leichtbaukonstruktionen in Bezug auf die Schadensanfälligkeit gegenüber Massivbaukonstruktionen als kritischer zu bewerten sind. Bereits kleinste Schwachstellen in der Planung und Ausführung können zu Schäden führen.

4.2 Planungs- und Ausführungshinweise

Für die Planung und Ausführung von verputzten Holzelement-Fassaden sind umfangreiche Normen, Empfehlungen und Richtlinien vorliegend. Wie üblich können zu diesen Ausführungen nur wenige bis keine Hintergründe entnommen werden, wodurch aufgrund fehlenden Fachwissens oft von diesen abgewichen wird.

4.3 Schwachstellen

Die Praxis zeigt, dass bei verputzten Holzelement-Fassaden die Ursache von Rissen und Plattenabzeichnungen oft im Bereich der Montage der Holzfaserplatten oder dem Putzsystem liegt. Auch eine Addition beider Ursachen kann aufgefunden werden.

4.3.1 Montage der Holzfaserplatten

Für die Montage der Holzweichfaserplatten müssen viele Randbedingungen beachtet werden, damit diese in physikalischer Hinsicht einen funktionierenden Putzträger darstellen. So müssen die Platten unter anderem ausreichend trocken sein, mit Nut und Feder ausgebildet und satt gestoßen sein. Es dürfen keine Kreuzfugen resultieren und der Plattenversatz muss mindestens 30 cm betragen. Auch muss bei Öffnungen die Wärmedämmplatte ausgeklinkt werden. Werden vorgenannte und weitere Randbedingungen nicht eingehalten, besteht ein erhebliches Schadensrisiko.

Bild 3 Nicht satt gestoßene Wärmedämmplatten

4.3.2 Putzsystem

Damit das Putzsystem funktionsfähig sein kann, bedarf es eines zweischichtigen Aufbaus mit einer Bewehrungseinlage und einer ausreichenden Bauteilstärke. Eine zu kleine Putzsystemstärke, fehlende Bewehrungen o. Ä. können zu Spannungsrissen führen.

Bild 4 Maßaufnahme am Putzsystem auf einer Holzweichfaserplatte

5 Fazit

In der heutigen Architektur werden unterschiedliche Systeme vermischt. Somit kann ein Objekt nicht nur entmaterialisiert werden, sondern es resultieren höhere Anforderungen an das Bausystem. Werden diese nicht vollumfänglich erfüllt, ist das Bauschadensrisiko enorm hoch.
Speziell Leichtbaukonstruktionen sind in Bezug der Schadensanfälligkeit gegenüber Massivbaukonstruktionen als kritischer zu bewerten. Bereits kleinste Schwachstellen in der Planung und Ausführung können zu Schäden führen.

6 Literatur

[1] Bundesamt für Energie BFE (Hrsg.): Schweizerische Gesamtenergiestatistik 2021. Bern: Selbstverlag, 2021

[2] SIA Norm 380/1 Thermische Energie

[3] MuKEn Mustervorschriften der Kantone im Energiebereich, 2016

Der Autor

Prof. Roger Blaser Zürcher

- Dipl. Arch., Dipl. Baul., Bauphys. M.BP
- Ingenieurgesellschaft für Bauschadensanalytik und Bauphysik mbH
  CH-3629 Kiesen
- Fachhochschule Nordwestschweiz
  Hochschule für Architektur, Bau und Geomatik
  Institut Nachhaltigkeit und Energie am Bau
  CH-4123 Muttenz

Informationsgehalt in Datenblättern von Bauprodukten – Können diese noch sicher verwendet werden?

Kerrin Lessel

Kurzfassung: Technische Merkblätter/Produktdatenblätter wurden in den letzten Jahren/Jahrzehnten immer umfangreicher und komplexer. Gefühlt vermischen sich darin Angaben zu den technischen Produkteigenschaften zunehmend mit Werbeaussagen. Zugleich hat man oft den Eindruck, wichtige Informationen würden fehlen oder sich aufgrund der Textmenge nur schwer finden lassen. Diese Wahrnehmungen werden anhand von Beispielen objektiviert.

Schlagwörter: Produktdatenblatt, Technisches Merkblatt, Werbung, Information, Schaden

1 Einleitung

Grundlage jeder Bauleistung sind Verträge, die u. a. auch Angaben zu den zu verwendenden Baustoffen und deren Eigenschaften enthalten.
Diese Eigenschaften werden in den Produktdatenblättern (PDB) oder Technischen Merkblättern (TM) und ähnlichen Dokumenten[1], die von den Produktherstellern erstellt werden, angegeben.
Insofern ist die Lektüre von PDB sowohl für Planer als auch für Ausführende und erst recht für Sachverständige Bestandteil der täglichen Arbeit.
Die Autorin beobachtete in den letzten Jahrzehnten einige Veränderungen in der Art und Weise, wie das Produkt »Datenblatt« oder »Merkblatt« von dessen Autoren, das heißt den Produktherstellern, aufgefasst und erstellt wird:

1. Die Produktvielfalt und -komplexität nimmt zu und somit auch die Anzahl von PDB für (scheinbar) ähnliche Produkte, sodass die Unterschiede zwischen den Produkten zum Teil nur schwer erkennbar sind.
2. Auf der ersten Seite der PDB dominieren zunehmend Werbeaussagen, die technischen Daten folgen oft erst weiter hinten.
3. Entsprechend der zunehmenden Komplexität unserer Bauproduktenwelt wird bei den Produkteigenschaften zunehmend auf normative Einstufungen verwiesen, das heißt, zum Verständnis muss der Leser »normenfest« sein.
4. Wichtige Informationen, zum Beispiel zu Schnittstellen mit angrenzenden Gewerken, lassen sich oft nur schwer finden oder fehlen ganz – jeder verweist auf den anderen.
5. Häufig werden Randbedingungen vorausgesetzt, zum Beispiel hinsichtlich des Wetters, die im Baustellenalltag objektiv nicht erfüllbar sind.
6. Die Autorinnen und Autoren sowie Herausgeberinnen und Herausgeber übernehmen keine Gewähr für den Inhalt der PDB.

Diese Beobachtungen sollen im Folgenden anhand einiger Beispiele unter Zuhilfenahme von etwas Humor objektiviert werden.
(Kursiv gesetzte Textpassagen sind Zitate.)

[1] nachfolgend zusammengefasst als PDB bezeichnet

2 PDB-(Un-)Sinn an Beispielen

2.1 Klima, Wellness, Ökologie

Klima, Wellness und Ökologie liegen im Trend und dementsprechend werden auch Bauprodukte herstellerseitig mit Bezeichnungen versehen, die man früher Reformhausprodukten zugeordnet hätte, zum Beispiel: *Klimaputz* oder besser *Natur-Wohnklimaputz, Öko-Bauplatte, Öko-Skin, Wohlfühlplatte* oder gleich *Naturbausystem*, für Technikaffine auch gern etwas futuristischer ausgedrückt, zum Beispiel *Dryonic* oder *Ionit*.
Nur selten jedoch findet man im Datenblatt auch eine Erklärung dazu, wie die versprochenen Effekte erzeugt werden (sollen).

2.2 Kalk-Gips-Maschinenputz abrieb- und nagelfest

Ein bekannter Hersteller erzeugt zwei Kalk-Gips-Maschinenputze, die den gleichen Namen mit unterschiedlichen Zusatzbuchstaben tragen.
Putz A ist ein Glättputz und laut PDB geeignet vom Keller bis zum Dach:

Vom Keller bis zum Dach für alle Räume mit üblicher Luftfeuchtigkeit einschließlich Küchen und Bäder mit haushaltsüblicher Nutzung (z. B. WC in Schulen, Bäder in Hotels, Krankenhäusern, Alten- und Pflegeheimen)

Putz B ist ein Filzputz (Reibputz) und laut PDB ebenfalls geeignet vom *Keller bis zum Dach* – wortgleicher Text!
Unterschiede bestehen logischerweise bei den Oberflächen. Mit dem Glättputz können alle Oberflächenqualitäten von Q1 bis Q4 erzeugt werden, mit dem Filzputz nur Q1 bis Q3.
Aber da ist doch ein kleiner Unterschied bei den Anwendungsbereichen: Der Glättputz ist *als Untergrund für Fliesen, Oberputze, Anstriche oder Tapeten geeignet*, der Filzputz nur als *Untergrund für nachfolgende Anstriche!*
Warum das? Der aufmerksame Leser findet nach längerem Suchen die Ursache unter den Eigenschaften: Der Glättputz ist ein Gipsputz-Trockenmörtel *B1/50/2 gemäß EN 13279-1*, der Filzputz jedoch ein *Gipsputz-Trockenmörtel C4/20 gemäß EN 13279-1*.
Das bedeutet, dass der Glättputz laut Laborprüfung eine Prismendruckfestigkeit >2 N/mm^2 erreicht, an den Filzputz werden jedoch keinerlei Anforderungen hinsichtlich Druckfestigkeit gestellt.
Beide Putze sind laut PDB *abrieb- und nagelfest* – und hoffentlich auch noch blickfest.

2.3 Die klimatisierte Baustelle

Computergesteuerte vollklimatisierte »Smart-Homes« sind in Zeiten des Klimawandels up-to-date. Dieser Trend scheint auch bei den Erzeugern von Produktdatenblättern angekommen zu sein.
So bewirbt der Hersteller eines Natursteinklebers sein Produkt auf Seite 1 des PDB u. a. mit den Attributen: *schnell, wasserbeständig, frostbeständig …*

Anwendungsbereich:
Für innen und außen, Wand und Boden.

Genaueres Lesen zeigt jedoch: So einfach ist es nicht mit der Wasserbeständigkeit, denn: (Der) Klebemörtel (ist) nach einigen Tagen *wasser- und wetterfest.*

Mit Wasser angerührt entsteht ein geschmeidig-pastöser Klebemörtel, der durch Hydratation und Trocknung erhärtet und nach einigen Tagen wasser- und wetterfest ist.

Sowie: Verarbeitungstemperatur 5 bis 25 °C.
Wer also versucht, mit diesem Kleber Pflasterplatten im Sommer im Freien oder auf zum Beispiel Pflasterdrainmörtel oder auch nur eine erdfeuchte Betonbodenplatte zu verlegen, wird schnell an die Grenzen des Produkts kommen.

Ein WDVS-Systemhalter weist darauf hin, dass seine Klebespachtel nicht verwendet werden darf, falls in den beiden Tagen nach der Anwendung Nebel auftritt:

Mindestverarbeitungstemperatur
Die Aufbringung bei Temperaturen unter + 5 °C (Bauwerks-, Material- und Lufttemperatur) sowie bei praller Sonne, Regen ohne Schutzmaßnahmen, Nebel bzw. Taupunktunterschreitung ist unzulässig. Diese Bedingungen müssen mind. 2 Tage nach erfolgtem Auftrag eingehalten werden.

Wie der Verarbeiter das sicherstellen soll, bleibt unklar.

Für einen Innenputz wird vom Hersteller eine Obergrenze der relativen Luftfeuchtigkeit von 60 (!) % rel. LF vorgegeben:
In normal bewohnten Innenräumen sind Luftfeuchtigkeiten zwischen 60 und 70 % üblich. Sämtliche Baustellen müssten also entfeuchtet oder klimatisiert werden.

Gelegentlich kann man sich so dem Eindruck nicht entziehen, dass die Verfasser entweder realitätsfremd sind, oder die entsprechenden Produkte für die Verwendung auf einer Baustelle in Mitteleuropa nicht geeignet sind.

2.4 Silikon versus Kunstharzfarbe – was ist was?

Der Außendienst eines WDVS-Systemhalters bewirbt zwei Fassadenfarben A und B als praktisch gleichwertig, die Namen beider Farben klingen hochwertig. Laut PDB ist die Farbe A ein *wasserabweisender Egalisations- und Renovieranstrich für Putz- und WDVS-Fassaden auf der Materialbasis Silikonharz/Dispersion.*

Anwendungsbereiche:	Wasserabweisender Egalisations- und Renovieranstrich für Putz- und WDVS-Fassaden. Auf mineralische und organische Untergründe (wie z.B. Kalk/Zement-Putze, Mineral- und Dispersionsfarben, Sandstein, Beton etc.) Ideal als Veredelung von Putzstrukturen zur Erhöhung der Wasserabweisung und als Oberflächenegalisierung vorwiegend mineralischer Untergründe. Vergütet mit einer hochwertigen Topf- und Filmkonservierung.
Materialbasis:	• Pigmente: Titandioxid • Silikonharz / Dispersion • Additive: Netzmittel, Entschäumer

Farbe B hingegen ist ein *dampfdiffusionsoffener elastischer Fassadenanstrich für Putz- und WDVS-Fassaden. ... dampfdiffusionsoffene Hybridfarbe mit einem optimierten Eigenschaftsmix ihrer organischen und anorganischen Komponenten auf der Materialbasis Silikonharz, Silikat, Acrylat*

Anwendungsbereiche:	Dampfdiffusionsoffener elastischer Fassadenanstrich für Putz- und WDVS-Fassaden. SISI Technologie-basierte, dampfdiffusionsoffene Hybridfarbe mit einem optimierten Eigenschaftsmix ihrer organischen und anorganischen Komponenten. Die RÖFIX SISI Technologie basiert auf einer neuartigen, polymerstabilisierten Elast-Silikat/Silikonharzstruktur. Auf mineralische und organische Untergründe (wie z.B. Dispersions- und Latexfarben, Kalk- und Mineralanstrichen, Kalk/Zement-und Kunstharzputzen, Kalksandsteinen und Betonflächen). Die ideale elastische Farbe für die Sanierung intakter, in die Jahre gekommener WDVS (Wärmedämm-Verbundsysteme).
Materialbasis:	• Pigmente: Titandioxid, Glimmer, Calciumcarbonat, Aluminiumsilikat • Bindemittel: SISI-MATRIX (Silikonharz, Silikat, Acrylat) • Additive: Netzmittel, Entschäumer

Eine Laboranalyse zeigte, dass nur eine der beiden Farben eine »echte« Silikonharzfarbe ist. Aber welche?[2]

2.5 Verputzen oder nicht? Womit und warum?

Früher hieß es: »Es gibt drei Untergründe, die man nicht verputzen kann: Metall, Holz und Luft«.
Für Metall gibt es inzwischen diverse Primer und Spezialkleber, für Luft wurde der bekannte Spezialhaken erfunden.
Aber wie schaut es mit Holz bzw. Holzwerkstoffuntergründen aus?
Für das Verputzen oder Verspachteln diverser Holzwerkstoffplatten gibt es bis dato keine normativen Vorgaben, auch die Verarbeitungsrichtlinien der einschlägigen Fachverbände (ÖAP, IWM, SAF, SMGV) schließen Holzuntergründe aus. Somit muss auf die Empfehlungen einzelner Hersteller zurückgegriffen werden, und das Verputzen oder Verspachteln von Holzwerkstoffen bleibt eine Sonderbauweise.
Da ist man vor Überraschungen nicht sicher.

Ein Hersteller hat Holzwerkstoffplatten »im System« mit Spachtelmasse und Zubehör inklusive Verarbeitungsbroschüre etc. angeboten:

Mineralisch gebundene Holzwolle-Dämmplatte
mit spachtelfertiger Oberfläche

Leider wurde in den Herstellerunterlagen nicht mitgeteilt, dass die gegenständlichen HWL-Platten Schwind- und Quellmaße von ca. 2 mm/m im Klimabereich zwischen 35 % und 65 % rel. LF haben, d. h. in der Größenordnung von Spanplatten oder MDF (Mitteldichte Faserplatten).

Diese Bewegungen konnte die »im System« empfohlene gipsgebundene Spachtelmasse nicht dauerhaft aufnehmen.

In einem anderen Schadenfall sollten Holzweichfaser(HWF)-Dämmplatten verputzt werden. Von zwei Putzherstellern wurden in Zusammenarbeit mit den Herstellern von HWF-Platten entsprechende Putz- bzw. Spachtelsysteme empfohlen, allerdings eher mit dem Fokus auf Werbeaussagen:

Gesundes Wohnen und Kalk-Innenputz stehen in unmittelbarem Zusammenhang. Wände bieten die größte Oberfläche für die ständige Interaktion mit der Raumluft. Sie nehmen durch ihr Potenzial, die Raumluftqualität zu beeinflussen, großen Einfluss auf das Wohlbefinden der Menschen. Die Verbindung von [ ] Holzfaser-Dämmplatten und Kalk-Innenputz wirken wie ein Klimapuffer an der Wand, der das Raumklima auf natürliche Weise reguliert. So bietet z.B. [ ] ein natürliches Raumluft-Management mit 4-fach Wirkung:

Für Details verwies jeder der beiden Datenblatthersteller auf den jeweils anderen:

Dabei wurde übersehen, dass es die gegenständlichen Platten in unterschiedlichen Stärken gibt, wobei die dünnsten (10 mm) aufgrund der Durchfeuchtung nicht als Putzträger für einen Maschinenputz geeignet sind.

Der herabgefallene Raumklimaputz hatte in Folge eine eher nachteilige Wirkung auf das Raumklima ...

[2] Farbe B

2.6 Fazit

An den oben angegebenen Beispielen, die alle das Resultat von Erhebungen in Schadenfällen sind, soll dazu angeregt werden, PDB aufmerksam zu lesen, den Inhalt zu hinterfragen und mit dem eigenen handwerklichen Hausverstand abzugleichen.

Im Zweifelsfall sollte immer eine baustellenbezogene schriftliche Beratung oder Produktempfehlung vom Hersteller des Vertrauens eingeholt werden.

Die Autorin

- Studium der Geophysik und Promotion, Universitäten Bergakademie Freiberg, KMU Leipzig, LMU München, FU Berlin
- Geophysikerin/Südamerika
- Laborleiterin/Technische Leiterin in der Baustoffindustrie
- allgemein beeidete und gerichtlich zertifizierte (a.b.g.z.) Sachverständige für Verputzarbeiten, Herstellung von Wärmedämm-Verbundsystemen, mineralische Baustoffe mit Baustoffanalytik-Labor
- Dr. Lessel Baustoffanalytik GmbH & Co. KG
4820 Bad Ischl
office@dr-lessel.at

Der Internationale Sachverständigenkreis Ausbau und Fassade (D-A-CH-FL-I) als ideeller Träger sowie der Fachverband der Stuckateure für Ausbau und Fassade Baden-Württemberg als Veranstalter bedanken sich sehr herzlich bei den Firmen, die anlässlich der 15. ISK-Tagung in Memmingen (D) ihre Produkte und Dienstleistungen präsentieren und die Veranstaltung durch ihre Ausstellung fachlich ergänzen sowie den Meinungsaustausch bereichern.